死なないやつら

極限から考える「生命とは何か」

長沼　毅　著

ブルーバックス

カバー装幀／芦澤泰偉・児崎雅淑

カバーイラスト／山下以登

本文デザイン／齋藤ひさの
(STUDIO BEAT)

本文イラスト／中山康子

本文図版／さくら工芸社

構成／岡田仁志

はじめに

私は「生命とは何か」について考えたいと思って生物学を志しました。生物学では、具体的な「モノ」としての生物体のなりたちや「コト」としての生命現象のはたらきを調べます。でも、生物学の教科書や論文をいくら読んでも「生命とは何か」の答えは書いていないし、その答えに近づける気さえもしませんでした。やがて私は、自分が学びたかったのは具体的な物事を対象とした生物学ではなく、思索的でなかば哲学のような「生命学」だったのではないか、という疑問にかられました。生物学は英語で「バイオロジー」(biology)といいます。その語源はギリシア語の「ビオス」(bios＝生命)と「ロギア」(logia＝学)ですから、そのまま訳せば「生物学」ではなく「生命学」ではないか、と。

さらに、英語には独特の「同族目的語」というものがあります。たとえば「live a life」(ライフを生きる)のlife。この言葉には「生活、人生、生命」など、次元の異なる意味がすべて含まれています。ならば「ライフを生きる」ことにも、重層的な意味があるのではないか、とも。

いま思い返せば、どれもこれも屁理屈でした。でも学生の頃の私は大いに悩んだのです。学校で教わる生物学なんて、実は死体を調べる死物学か、カビ臭い博物学なのではないか。どこに私が欲する生命学があるのか——。もう30年以上前の話です。実際には、いまの生物学や博物学は実に生き生きしていると思います。

ところで、私が冒頭で使った「なりたち」や「はたらき」という言葉は、実に含蓄のある日本語です。たとえば和英辞典で「なりたち」を引くと「歴史・起源・組織・構造・要素」と書いてありますし、「はたらき」は「労働・能力・作用・運用・活動・効用」とあります。そうか、生命の「なりたち」「はたらき」と言い換えれば、自分が生命について何を学べばいいのかが見えてくるじゃないか。若い私はそう考えて、生物学ならぬ生命学を勉強してきたのです。

しかし、次第に私は、そんな自分勝手な生命学は結局、具体性も現実性もない、頭でっかちの机上の空論だと思うようにもなりました（実際には机上の空論などではないのですが）。そこで、自分に欠けているもの——具体性、現実性——を装備するため、野に山に、川や海に出ることにしました。それまでが頭でっかちだったせいか、外に出たら逆に弾けてしまい、気がつけば辺境の地、いわゆる極限環境にも通うようになっていました。そしてついには「科学界のインディ・ジョーンズ」と呼ばれるまでになったわけですが、本性は出不精の引き籠（こも）りなのにそういわれるのは〝こそばゆい〟ところです。

実際に極限環境に行ってみて思い知らされたのは、頭でっかちな自分の脳内世界がなんとちっぽけか、ということでした。自分はいったい何を学んできたのか、何を知った気になっていたのか――それは衝撃でしたが、同時に歓びでもありました。知りたいことは「現場」にある、とわかったから。こうして私は「現場主義」を標榜するようになり、ますます極限環境に惹きつけられていったのです。

この本の背景には、そんな私の生命学の遍歴があります。それは生命学を謳いつつ、実のところは生命論にすらなっていない、ただ屁理屈をこねくり回してきた遍歴ですが、いわゆる主流の生物学、王道のバイオロジーに対する「バイオロジー外伝」もしくは「バイオロジー異聞」というか、ちょっと変わったバイオロジーの視座を発見していただけるかな、と思っています。

この本は5つの章からなっています。

まず第1章は「『生命とは何か』とは何か」という、よくわからない章題です。ここでは「生命とは何か」という問いは、そもそも何を問うているのかを考えます。そうした二重構造的な思考のことを「メタ思考」といいますので、私の生命学は「メタバイオロジー」ということになります。第1章はさしずめ「メタバイオロジー入門」というところでしょう。

第2章は「極限生物からみた生命」。この本の中心になる部分なので、私が屁理屈をこねるよりも本物の極限環境生物たちに登場してもらい、過酷な環境でも死なない驚異的な特殊能力をご覧に入れることにします。そして彼らにとっての「生」を、「live an extreme life」（極限的なライフを生きる）を存分に語ってもらいます。それは私にいわせれば「live a robust life」（たくましいライフを生きる）にほかなりません。

第3章は「進化とは何か」。極限生物をみても考えさせられるのは「進化」というものの不思議さです。19世紀後半に唱えられたダーウィン進化論は、20世紀後半になって分子生物学と合流して、新ダーウィン主義あるいは総合説として発展し、さらに発生学とも合流して〝エヴォデヴォ〟と称される進化発生学が生まれました。まさに「進化論も進化する」ことを、この章で述べます。

第4章の「遺伝子からみた生命」では、第3章でみた生物進化の根本が「遺伝子」にあること、生物の「なりたち」と「はたらき」もまた遺伝子の支配下にあること、そして私たち「ヒト」の未来もまた、私たちの遺伝子全体（ゲノム）の中にある暴力性と協調性をコントロールできるかどうかにかかっていることを論じます。

第5章「宇宙にとって生命とは何か」では、もう一度、メタバイオロジーの世界に戻ります。この宇宙には、生命なんかなくてもよいのです。しかし実際には、この宇宙に生命があります。この「違い」の部分に、もしかしたら「生命とは何か」のヒントがあるかもしれません。そんな宇宙論的な生命観へとみなさんをお誘いしたい、そう思って書きました。

この本で「生命とは何か」という問いに確固とした答えを出せたわけではありません。それでも、この大きな問題に取り組むうちに、やがては自分自身がこの大きな問題の一部になってしまうような歓びを味わっていただけたら私はうれしいです。最後までゆっくりお楽しみください。

死なないやつら

もくじ

LIFE

第2章　極限生物からみた生命……31

第3章 進化とは何か…95

第4章 遺伝子からみた生命…141

第5章 宇宙にとって生命とは何か

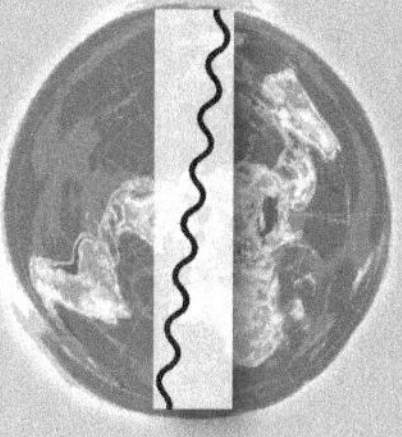

第1章
「生命とは何か」とは何か

辞書ではわからない「生命とは何か」

「長沼先生にとって、生命とは何ですか？」

ある講演会で、高校生からそう聞かれたことがあります。まさに直球ど真ん中ですが、私は生物の研究者ですから、これは「ＦＡＱ（よくある質問）」の一つです。そして、本書のテーマもまさに、そこにあります。

しかし、これはそう簡単に答えられる問題ではありません。そこで私は質問に答える代わりに、その高校生にこう問い返しました。

「キミは、自分が何を問うているのか、わかっているのかな？」

意地悪な対応だと思われるかもしれません。でも私にしてみれば、これはごく当然のリアクションです。相手が何を聞きたがっているのかわからなければ、こちらとしても答えようがありませんから。

「生命とは何か」――これは一見、単純な問いかけのように思えますが、実はひどく厄介な質問なのです。ためしに国語辞典を引いてみれば、それがわかるでしょう。

【生命】を引くと「生物が生物でありつづける根源」などとあります。ならばその【生物】とは何かと見れば、「生命をもつものの総称」としか説明していない。これでは堂々巡りです。何か別の言葉をもってこなければ、「生命」を説明したことにはならないのです。

もちろん、辞書を引いてもよくわからないからこそ、人は「生命とは何ですか？」と質問したくもなるのでしょう。しかし、そこで「生命と呼んでいるもの」のイメージは、人によって異なります。それこそ「生命＝生物」と考えている人もいれば、生物の「根源」に宿っているらしい目に見えない何かを「生命」ととらえている人もいるのではないでしょうか。

前者の場合、「生命ではないもの」としてまず思い浮かべるのは、石ころや鉄の塊などの無機物だろうと思います。一方、後者の場合は、生命を「死」の反対概念ととらえているのかもしれません。人間であれ動物であれ、それまで宿っていた「目に見えない何か」が失われると――つまり「死」を迎えると、それはもう（有機物ではあっても）生物ではなくなるわけです。

ただいずれにしても、それが「生命」であるかどうかは、誰でも見れば直観的におおむねわかる。たとえば石ころや鉄の塊や生物の死骸を見て、そこに「生命」があると思う人はいません。「生命とは何ですか？」と質問した高校生も、「僕には何が生命なのかわかりません」といっているわけではないでしょう。「キミには生命がある？」と聞けば「イエス」、コップやハサミを指して「これは生命？」と聞けば「ノー」と即答できるはずです。私たちは「何が生命か」を、説明不要の自明なものとして知っているともいえます。

にもかかわらず、私たちは「生命とは何か」がわかった気がしない。「生命とは何か」という質問は、実のところ、「自分が生命だと思っているものの正体は何か」「私がこれを生命だと感じるのはなぜか」といった問いに置き換えることができるのかもしれません。

このように、一見すると単純な「生命とは何か」という質問は、なかなか複雑な中身を持っています。したがって、私たちは「生命とは何か」を考えるだけでなく、その質問自体の意味を考える必要もあるのではないでしょうか。そこには「生命とは何か——とは何か」という問題が存在するのです。私が高校生に逆質問をしたのも、それに気づいてほしいからでした。

「Why?」を問うメタバイオロジー

このような、いわば二段構えの構造を持つものを、「高次の〜」「〜を含んだ」を意味する接頭語「メタ」をつけて呼ぶことがあります。たとえば小説をテーマにした小説なら「メタ小説」、映画をテーマにした映画なら「メタ映画」。「メタ言語」なら言語を記述する言語、「メタ文法」なら文法を記述する文法のことです。

この種の言葉でもっともよく使われるのは、おそらく「メタフィジックス」でしょう。「フィジックス（physics）」は「物理学」ですが、これにメタをつけたメタフィジックスは「形而上学」と訳されています。物理学が物質やエネルギーや力などの自然界の現象からこの世界のなりたちを理解しようとするのに対して、形而上学では、それらが「なぜ存在するのか？」を考えます。たとえば辞書で「形而上学」を引くと、「あらゆる存在者を存在者たらしめている根拠を探究する学問」「現象的世界を超越した本体的なものや絶対的な存在者を、思弁的思惟や知的直観によって考究しようとする学問」などと書いてあります。

何やら難しそうですが、いま、目の前にある椅子について考えてみます。これを物理的に理解しようと思ったら、まず木材、金属、布といった材料を分析することになります。さらに、その材料をどのような構造に組み合わせれば、腰掛けたときにかかる力に対抗して壊れないものになるかを考える。「何でできているのか」「どのようにできているのか」を明らかにすれば、椅子を物理的に理解したことになるわけです。

それに対して形而上学では、そうした物理的な問題を超えたところで椅子について考えます。まず「椅子という概念」があり、それが具体化したものが目の前の椅子だと考える。目には見えないけれど概念として存在しなければ、物理的な椅子も存在しません。たとえばドイツのカントは、そんなことを考えた哲学者でした。物理学が「椅子とは何か」と問うのに対して、形而上学では「椅子とは何か——とは何か」を問うのです。

「生命」をめぐる学問でも、これと同じことが問われます。生物学＝バイオロジーが「生命とは何か」を探究する学問であるのに対して、さきほど述べた「生命とは何か——とは何か」という問いを考える「メタバイオロジー」という分野があるのです。私はこれを、物理学に対する形而上学にならって「命而上学（めいじじょう）」と訳してもいます。

物理学や生物学と、メタレベルの形而上学やメタバイオロジーとでは、使われる「疑問詞」も同じではありません。物理学は自然界が「何で」「どのように」できているのかを問うので、研究者の頭にあるのは「What?」と「How?」です。生物学者が探究するのも同様に、生命や生物の「What?」と「How?」にほかなりません。

それに対して、形而上学やメタバイオロジーが問うのは「Why?」です。まず椅子という概念があって、それが具体化したものが物質としての椅子であるという考えは、まさに「なぜ椅子が存在するのか」という問いへの答えといえるでしょう。形而上学とは、そうやって物質や人間やこの世界が存在する「背景」や「意義」そして「理由」を考えるものです。メタバイオロジーもそれと同様に、「なぜ生命が存在するのか」を考えます。

私がメタバイオロジー的な考え方に目覚めたのは、物心ついたばかりの4歳のときでした。幼稚園の滑り台で遊んでいて、てっぺんから砂場に滑り降りたところで、ふと考え込んでしまったのです。

「自分はいま、滑り台の上から降りて、ここにいる。でも、その前にも自分は存在したし、これからも存在するだろう。本当のところ、自分はどこから来て、どこへ行くんだろうか」

もちろん4歳児がそんなことを考えたわけではありませんが、そのとき頭に芽生えたモヤモヤを言葉にすれば、そのような疑問でした。

　この疑問は、換言すると「なぜ自分はここにいるのか」、つまり「Why?」にほかなりません。そして、この問いをつきつめていくと「自分とは何か」という問題になり、さらに「そもそも生命とは何か」「生きているとはどういうことか」という「What?」と「How?」が浮上してきました。こうして私自身も「なぜ生命が存在するのか」というメタバイオロジー的な疑問につき動かされて、「生命とは何か」を考える生物学者、いや、メタ生物学者になったのです。

日本の科学者に「なぜ」を禁じた「漱石の呪い」

　メタバイオロジーが問う「なぜ」は、どちらかというと哲学的もしくは宗教的な疑問のようにも見えるので、「それがサイエンスと呼べるのか?」と感じる人もいるでしょう。

　実は私自身、かつて先輩の研究者たちに「科学は〈なぜ〉を問うてはいけない」と諭(さと)されたことがあります。なぜ彼らはそんなことをいうのでしょうか。

　たしかに日本人の科学者には「なぜ」を問うことを自らに禁じる傾向があります。私は、その責任は夏目漱石（図１－１）にあると見ています。明治の文豪と科学に何の関係があるのかと思われるでしょうが、漱石は１９０９年（明治42年）に書いた『文学評論』の中で、科学についてこんなふうに断じているのです。

科学は如何にしてといふこと即ちHowといふことを研究する者で、何故といふこと即ちWhyといふことの質問には応じ兼ねるといふのである。

夏目漱石の弟子には寺田寅彦という有名な科学者がいました。おそらく彼を通じて、この考え方が日本の科学界に広まっていったのでしょう。あの漱石から寺田寅彦を通じて伝承されたとなれば、その権威は相当なものです。そのため日本には「科学は〈なぜ〉を問うてはいけない」という妙な常識がはびこってしまった。私はこれを「漱石の呪い」と呼んでいます。

図1－1　夏目漱石

しかし、幼い頃に抱いた「なぜ」からスタートして研究者になった私は、そういわれても納得できません。「なぜ自分はここにいるのか?」という問いは「生命とは何か」という問いと表裏一体のものであると私は考えます。「生命＝自分自身」の存在に対する根源的な「なぜ」があるからこそ、私たちは「生命とは何か」を知りたくなるのではないでしょうか。

生命体すなわち生物といえども、石ころや鉄の塊と変わらぬ「物質」です。その材料を分析して理解するのは、そう難しいことではありません。この世の物質は原子からできていて、原子は原子核と電子、原子核は陽子と中性子、陽子と中性子はクォークという素粒子からできています。現代物理学は、物質の正体をとりあえずそこまではつきとめました。そして、生物も物質である以上、そこに違いはありません。そう考えると、両者を区別して「生命とは何か」と問うことに何の意味があるのかも、わからなくなってきます。

それでも私たち人間は生物と非生物を区別して「生命とは何か」と問わずにはいられません。それは私たち自身が生命体だからでしょう。「生命とは何か」という問いが私たちにとって自己言及的なものであるからこそ、私たちは「なぜ」を避けて通ることができないのです。

物理学者シュレーディンガーの生命観

さて、このようなメタバイオロジーの視点、すなわち「生命とは何か——とは何か」という問いをも内包していることを意識したうえで、もう一度「生命とは何か」を考えてみましょう。

このとき、「生命」という言葉は二つの意味をもつことになります。一つは、概念として存在する「抽象的な生命」。もう一つは、目の前にある「具体的な生命」です。

同じ生命ですからこの二つはまったく無関係ではないものの、前者の問題が解ければ後者の問題も解けるほど、一筋縄にはいきません。両者には、かなりの隔たりがあります。

図1－2　生物学にも影響を与えたシュレーディンガー

まず、前者の「抽象的な生命」について、代表例ともいえる考え方を紹介しましょう。生命の定義を語るときに必ずといっていいほど引き合いに出される本があるのです。タイトルは、そのものズバリ『WHAT IS LIFE?（生命とは何か）』。出版されたのは、第二次世界大戦中の1944年です。著者のエルヴィン・シュレーディンガー（図1－2）はオーストリアのウィーン生まれの物理学者で、量子力学の建設に多大な貢献をなした功績で1933年、46歳のときにノーベル物理学賞を受賞しました。しかし、その年にドイツでヒトラーが政権を掌握したことに抵抗して移住や亡命を繰り返し、第二次世界大戦が始まった1939年にはエール共和国に亡命して、17年もそこで暮らしました。その間の57歳のときに書いた本が『WHAT IS LIFE?』だったのです。物質の本質を追究する「フィジックス」の第一人者が「バイオロジー」について本気で考察したという点で、実に興味深い本といえるでしょう。

その中でシュレーディンガーは、生命を次のように定義しました。

「生命とは、負のエントロピーを食って構造と情報の秩序を保つシステムである」

物理学者ならではの発想です。「エントロピー」とは、簡単にいうと「乱雑さ」を表す物理量のことで、やや難しく補足すると〝足し算のできる〟「示量変数」というものです。みなさんも学校で習った記憶があるでしょう。有名な「熱力学第2法則」は「エントロピー増大の原理」を含んでいます。

本書は物理学の入門書ではないのでくわしくは説明しませんが、「エントロピーの増大」とは、「秩序や構造が壊れていくこと」だと思えばいいでしょう。たとえば水を入れたコップの中に赤いインクを一滴垂らしてみると、どうなるでしょうか。赤いインクは、それを構成する分子が一つにまとまったものです。そこには「秩序」があります。シュレーディンガーの言葉の通りにきちんというと「構造と情報の秩序」ですね。

「構造の秩序」とは、はっきりわかる構造があることです。ここでは、赤いインクの分子がまとまった部分とそれ以外の部分とに分けられることを「構造」といいます。「情報の秩序」とは、たとえば、コップの中の空間がたくさんの〝小さな部屋〟に分けられているとして、赤いインクの分子が必ず隣り合った部屋に入っている、といったことを指します。「必ず隣り合っている」という状態そのものが「情報」というわけです。赤いインクの分子が散り散りばらばらになると、その情報は失われます。

ところが水に垂らすと、赤いインクの分子は水中では「滴(しずく)」の形にまとまって存在することができず、それぞれ勝手にランダムな運動を始めます。やがて分子は拡散していき、構造と情報の秩序は次第に失われていきます。最後には、分子はコップ全体に広がるでしょう。こうなったらもう構造も情報もありません。赤いインクのエントロピーはこのように増大し、エントロピーの小さい状態から、大きい状態に変化したわけです。

重要なのは、この変化は決して逆行しないということです。どれだけ時間が経っても、赤いインクの分子が再び集まって秩序を回復し、「滴」の形に戻ることはありません。つまり「形あるものはいつか壊れる」のです。それがエントロピー増大原理の意味するところであり、これこそは宇宙を貫く「最強の原理」であるといってもいいでしょう。

ところがシュレーディンガーは、生命とは「構造と情報の秩序を保つシステムである」といいました。何者も抗(あらが)えないはずの「最強の原理」に、生命だけは逆らっている、というのです。

それぞれの個体を見れば、生物がもっている秩序は永遠に保たれることはありません。死ねばその瞬間から、生物の体は壊れはじめます。そして、やがては赤いインクの分子のようにばらばらになって、土に帰ります。

しかし、「生命」が宿っているあいだは、生物の体はずっと構造と情報の秩序を保ちつづけます。これは生命をもたない石ころや鉄の塊にはありえないことです。それらはエントロピー増大原理に逆らうことができず、壊れていく一方です。ここに生命とふつうの物質の最大の違いがあると、シュレーディンガーは考えたのです。

生命とは生命を食うシステムか？

では、生命はどのようにして宇宙最強の原理に抗い、構造と情報の秩序を保っているのでしょうか。シュレーディンガーによれば、そのために必要なのは「負のエントロピーを食う」ことです。

これは難しい概念なので、私はいつも、負のエントロピーとは「エネルギーのことだと思えばいい」と説明しています。ただし真面目にいうと、足し算のできるエントロピー（示量変数）に足し算のできない温度（示強変数）を掛け算したものがエネルギーと同じになります。

このようにエントロピーとエネルギーは異なる物理量なので、私の説明は正確ではありません。しかし「エントロピー」が「乱雑さ」の度合いなのであれば、「負のエントロピー」は「秩序」の度合いだと考えていい。そして、物質に構造と情報の秩序をもたらすには「エネルギー」が欠かせません。だから、負のエントロピーはエネルギーのことだと考えても差し支えない、としておきます。

とすれば、シュレーディンガーの定義は「生命とはエネルギーを食って構造と情報の秩序を保つシステムである」と言い換えることができるでしょう。

いずれにしろ、ここで重要なのは「負のエントロピー」をどう理解するかではなく、生命というシステムが何かを「食う」ことによって構造と情報の秩序を保ち、エントロピー増大原理に抵抗しているということです。たとえば私たち人間なら、ごはんやパンや肉や魚や野菜を食べることで、体という秩序を維持しています。では食べ物とは何かといえば、結局のところは、それは「ほかの生物の体」すなわち「ほかの生命」にほかなりません。

するとどうなるでしょうか。「生命とは何か」という問いへの答えは、「それは生命を食うシステムである」ということになってしまいます。では、「その生命が食う生命とは何か」と問うても、「生命を食うシステム」と同じ答えが繰り返される。「生命」と「生物」が行ったり来たりしてしまう辞書の定義と同じで、これでは答えになりません。いくら開けても同じ人形が出てくるロシアのマトリョーシカのような「入れ子構造」になってしまうのです（図1－3）。

このことからも、メタバイオロジーの必要性がよくわかります。「生命とは何か」という質問は、このような堂々巡りに陥る要素をはらんでいます。それを回避するには、「生命とは何か――とは何か」を考えなければならないのです。

もっとも、この堂々巡りはすべての生命にあてはまるわけではありません。「ほかの生命」を食べているのは動物だけで、植物は光合成によって太陽の光からエネルギーを得ているからです。

そして実は動物も、光合成はしないかわりにほかの生命を食べることによって、エネルギーを

図1－3　マトリョーシカ

取り込んでいます。それは化学エネルギーです。つまり、草食動物は植物を食べることで間接的に光エネルギーを得て、肉食動物は草食動物を食べることで化学エネルギーを得ているわけです。とすると、生命が「食べている」ものの本質は「エネルギー」であると考えることができます。「生命」のかわりに「エネルギー」という言葉を使うことで、堂々巡りは回避することができるのです。

したがって、シュレーディンガーの考えた「負のエントロピー」は、やはり「エネルギー」であると考えるのが妥当でしょう。つまり生命とは「エネルギーを食って構造と情報の秩序を保つシステムである」と定義することができるのです。

そう定義すると、生命の「起源」を考えるうえでも都合がよいことがあります。

地球上に生命が誕生したのはおよそ40億年前と考

えられていますが、どこで、どのように誕生したのかはいまだに不明です。それを考えるには、生命が誕生するための条件を知る必要があります。生命が「エネルギーを食うシステム」なのであれば、そこには何らかのエネルギーが存在していたはずですから、それを手がかりに考えることができるわけです。

それは具体的にはどのようなエネルギーだったのかを探究することで、生命の起源をめぐる謎に近づくことができるのです。

地球生命は「不安定な炭素化合物」

さて、シュレーディンガーが『WHAT IS LIFE?』の中で考えたのは、「抽象的な生命」のことでした。別の言い方をすると、それは「個体」や「細胞」のレベルでの生命です。つまり、その生命が置かれた「環境」というファクターは考慮せずに、物質としての生命の特徴を論じている。私たちの目の前に存在する、あるいは私たち自身がそうである、具体的な「地球上の生命」についての話はしていません。

それは、シュレーディンガーが物理学者であることとも関係しているのでしょう。物質の本質を見極めるのが物理学者の仕事ですから、生命について考える場合も、その物質的な特徴に関心が向いたのであろうと想像できます。

しかし私たち生物学者は、それだけでは満足できません。生物学者が研究対象にするのは、あくまでもこの地球という惑星上に存在する生命です。環境と生命とは切っても切り離せないものであり、細胞や個体だけを見て「生命とは何か」を考えることはできないというのが私たちの立場です。具体的な「惑星生物圏」という環境を前提にして、生命の本質を解き明かしたいと思うのです。

もちろん、惑星生物圏といっても、いまのところ私たちが知っているのは地球生命しかありません。ですから基本的には、地球上の生命を見て「生命とは何か」を考えることになります。

では、地球生命とはどういうものなのでしょうか。

物質的に見た場合、その体の大部分は「水」でできています。私たち人間なら、水のおおまかな割合は赤ん坊が80％、大人は70％、老人になると60％。歳をとることをよく「枯れる」といいますが、実際、人体の水分含有量は次第に減っていくわけです。そういえば以前、テレビの情報番組で「水をたくさん飲むと認知症になりにくい」という説を聞きました。真偽のほどは定かではありませんが、みずみずしい赤ん坊は認知症にはならないでしょうから、一理あるのかもしれません。

しかし、「生命とは何か」を考えるときに重要なのは、その水を除いた残りの部分です。人間の場合、水を除いたうちの半分は、炭素でできています。成人ならば70％が水ですから、残り30

%の半分の15%が炭素です。ほかの生物も、基本的には炭素でできています。つまり、地球生命とは「炭素化合物」なのです。これは地球生命という物質の大きな特徴といっていいでしょう。

実は、これは非常に不思議なことです。

というのも、極端な話になりますが、この宇宙で炭素が安定的に存在できる状態は二つしかないからです。それは「還元状態」と「酸化状態」という両極端の状態です。

還元とは、ごく簡単にいえば、物質から酸素が奪われる反応です。あるいは物質が水素と化合する反応ともいえます。酸化はそれと逆で、物質が酸素と化合する反応、あるいは物質が水素を奪われる反応のことだと思えばいいでしょう。

多くの物質は、水素や酸素との結びつき具合によって、その状態が「還元端」から「酸化端」まで連続的に変化します。しかし最終的に行き着く先は、どちらかの「端」しかない。それがもっとも安定するのです。

炭素化合物の場合、「還元端」は炭素（C）に水素（H）が四つくっついたメタン（CH_4）になります。それ以上は、もう還元が進みません。たとえば木星では水素が多いため、炭素化合物のほとんどがメタンになっています。

一方、炭素化合物の「酸化端」は、酸素（O）が二つくっついた二酸化炭素（CO_2）です。酸化はそこでストップします。この宇宙で炭素化合物が安定して存在するには、メタンか二酸化炭

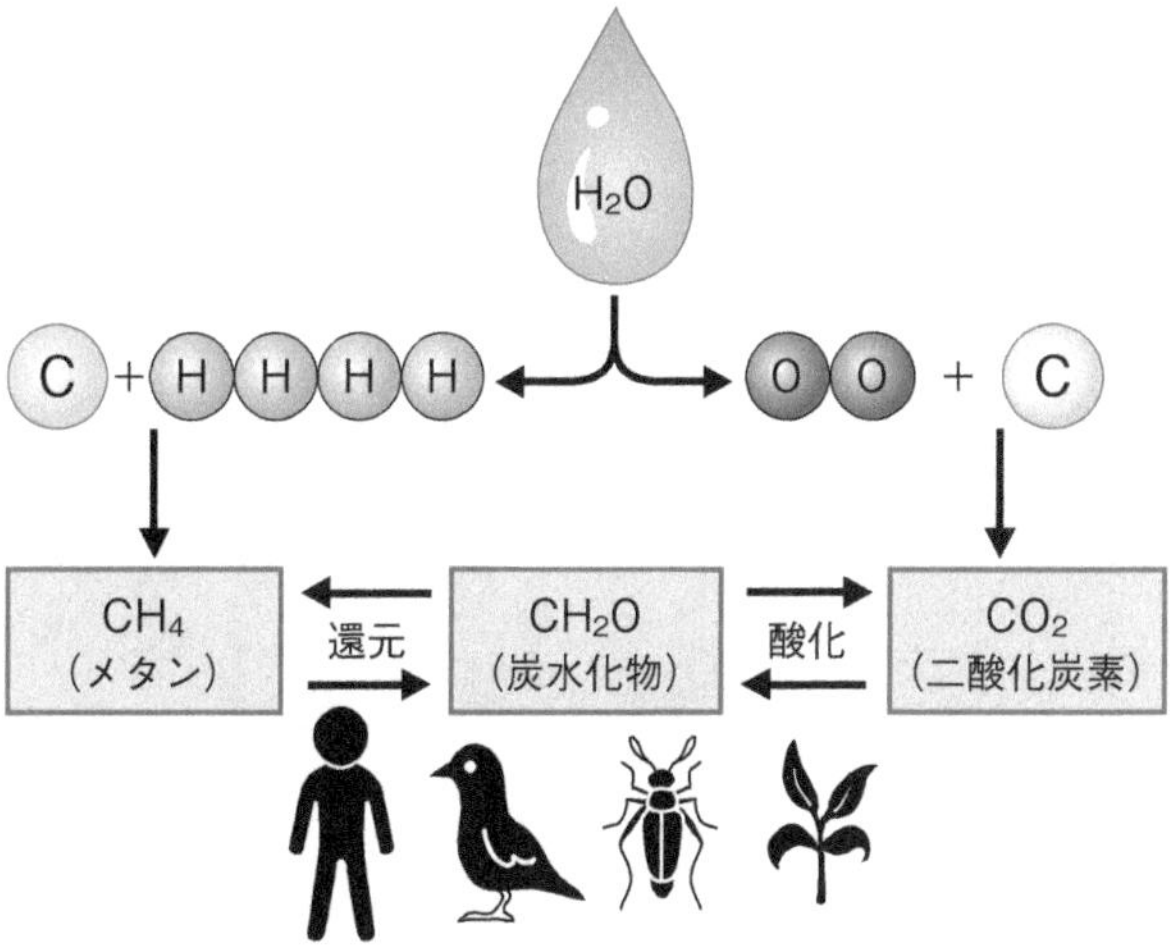
H_2O
C
H
H
H
H
O
O
C
CH_4
（メタン）
還元
CH_2O
（炭水化物）
酸化
CO_2
（二酸化炭素）

図1－4　生命は還元端（メタン）と酸化端（二酸化炭素）の間にある不安定な炭素化合物

素になるしかなく、それ以外の炭素化合物は、どれも不安定な状態にあるのです。

ところが、地球生命という炭素化合物は、メタンでも二酸化炭素でもありません。たとえば、その体の多くを占めている炭水化物（簡略化してCH_2O）には、水素（H）と酸素（O）がどちらもほどほどに含まれています。

これは本来、不安定な状態ですから、長続きしません。この宇宙にそのまま置いておくと、必ずメタンか二酸化炭素になります。地球の表面なら酸素が多いので、酸化が進みます。実際、私たちが死ぬとその瞬間から体の崩壊が始まり、どんどん分解されて最終的には二酸化炭素になるのです。ただし土の中に埋めた場合は、酸素が少ないので還元されて、メタンになります。生ゴミを埋めるとメタンガスが出るのもそのためです。

ところが地球上の生物は、それが生きているかぎり、二酸化炭素にもならず、メタンにもならずに、不安定な炭素化合物のまま存在しつづけるのです。そのことを示したのが図1－4で、私は「長沼モデル」と呼んでいます。

もちろんそれぞれの個体は死を迎えれば崩壊しますが、地球生命という総体をみれば、40億年前に発生して以来、そんな不安定な状態にもかかわらず途絶えることなく存在してきたのです。ある現象がこれほど長続きすることは、地球史でもきわめて稀です。実に不思議です。

こんな不思議を前にしてしまうと、「生命とは何か」という問いに対して、単に「エネルギーを食うシステムである」と答えるだけでは片づけられない気がしてきます。いったいなぜそんなものが存在するのか……と、誰でも頭に「Why?」が浮かんでくるのではないでしょうか。

生命という不安定な炭素化合物は、なぜ40億年もの長きにわたって続いてきたのか？

この問いに対する私なりの仮説はありますが、それは本書の後半で明かすことにしましょう。次の章では、地球生命の不思議さ——不安定なのに壊れない「強さ」「たくましさ」といってもいいでしょう——を、まざまざと実感していただきます。

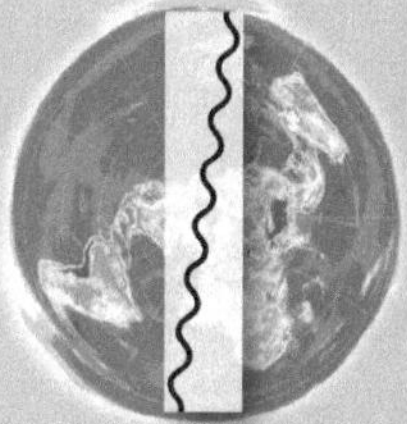

第2章 極限生物からみた生命

物理学者と生物学者の違い

一般論としての抽象的な生命と、現実の環境に根ざした具体的な地球生命。ひとくちに「生命」といっても、この二つの視点があることを第1章でお話ししました。そして「生命とは何か」を考えるうえでは後者のほうが、より深い謎——不安定な炭素化合物がなぜ40億年も続いてきたのかという——をはらんでいるように思われました。

ここでひとつ、みなさんにお尋ねします。みなさんは、宇宙にはこの地球のほかにも、生命が存在していると思いますか?

実は、物理学者と生物学者のあいだでは、この問いについての考え方が大きく異なる傾向があるのです。

シュレーディンガーもそうだったように、物理学者は生命という現象を環境から切り離し、単純なものとして考えようとします。必要な物質さえ揃えば、宇宙のどこでも生命は誕生するだろうという見方です。したがって「地球外生命」はあちこちにたくさん存在して当然だと考える人が多いようです。

ところが、具体的な地球生命を相手にする生物学者は、そう単純に考えることができません。地球という環境に生命が現実に存在していること、そして、それが40億年も続いてきたことそのものが、不思議に思えてならないからです。そもそも、地球生命がどのように誕生したのかもわかっていません。その謎とつねに直面していると、生命という現象が「当たり前」のものだとはとても思えないのです。

たとえば地球の歴史を46億年前からもう一度やり直したとして、再び生命が誕生するかどうか。そこには生命をつくるのに必要な物質はすべて揃っていますが、それでも、いまの地球のように生命が誕生するかどうかはわからない。生物学者の多くはそう考えています。いま、この地球に生命が存在していること自体がきわめて特別なことと考えるので、地球外生命が宇宙のあちこちに普遍的に存在するとは信じにくいのです。

もちろん、地球外生命が存在するかどうかについては、まだ何もわかっていません。地球に似た環境の太陽系外惑星も次々に見つかっていますから、存在する可能性はあるでしょう。近年は、宇宙における生命の可能性を研究する「アストロバイオロジー」という分野も活発になってきました。

いずれにしても、「生命とは何か」を考えるには、個々の生命が生存する「環境」を無視するわけにはいかないと、私は考えています。生命を一般化、普遍化するだけでは、40億年も続いてきた謎に迫ることはできません。なぜなら、この地球には実に多様な環境があり、それぞれに生存する多種多様な生物を、ひとくくりに考えることはとてもできない、と思うからです。

「極限生物」にみる地球生命の「エッジ」

たしかに地球の生物はすべて、「生命の原理」のようなものでひとくくりにすることはできます。DNAがいわゆる「生命の設計図」であること、その設計図にかかれている情報はRNAを経てタンパク質として実体化されること、そして、タンパク質は（自然界に約500種類あるアミノ酸の中から）特定の20種類のアミノ酸がたくさんつながってできていること……などは、地球における「生命」という抽象的な「コト」にすべて共通しています。

ところが、具体的な「モノ」としての生物をみると、その形態、発生パターン、行動パターンなどはあまりにも多種多様です。その多様さは無限のようにも見えて、とりつくしまもないほどです。そこから何か、生命について本質的なことを見いだすにはどうすればいいのか、どこから手をつければいいのか、途方に暮れてしまいそうにもなります。

そこでひとつの手がかりとなるのが「極限生物」ではないかと、私は考えています。

科学の研究では、取り扱う対象の本質的な性質を見いだすために、さまざまな条件を極限、つまり「エッジ」に設定して、そのとき得られた値をもとに洞察するという手法があります。たとえば水（H_2O）の密度が最大になる温度をみると、意外にも0℃ではなく4℃であることがわかります。そこから水という物質が隠しもっている異様な性質があぶりだされてくるわけです。

そこで、生命を考えるにあたってもこの手法をあてはめてみます。

地球生命はさまざまな環境に生息しています。それぞれの生物には、それぞれの生存に適した温度、気圧や水圧、湿度、塩分濃度などの条件があります。しかし、なかにはその条件における「極限」ともいえる環境で生きているものがいます。超高温、超高圧、極度の乾燥、あるいは極度の塩分濃度などなど、私たち人間ならたちまち死んでしまう、「地獄」としかいいようがない極端な環境で生きている生物たちです。

彼らのことを「極限生物」と呼びます。そのありようは、私たちがふだんイメージしているような「生物」とはかけ離れたものです。環境を限りなく極限に近づけていったとき、地球生命という現象は、ぎりぎりどこまで成立しうるのか——極限生物はその境界線、つまり「エッジ」を示してくれるのです。

これはややロマンチックな言い方でしたが、もう少しハードにいえばこういうことです。たとえば地球で水（海水）が液体でいられる温度の範囲は（圧力をかけてよいとして）マイナス20℃から400℃くらいです。しかし、マイナス20℃で活動できる生物はいるのに、400℃で活動できる生物はいません。あとでまた述べますが、現時点での生物界の最高生存温度は日本の海洋研究開発機構の高井研氏らが超好熱性古細菌（アーキア）を培養したときの122℃です。ということは、生物は液体の水さえあれば生きていけるというわけではなく、生物の体にはなんらかの物理的・化学的な制約があると考えられるのです。そして、それはおそらく地球外生命体でも同じでしょう。極限生物の研究には、そうした生命の普遍性を垣間見るためのウィンドウという一面もあるのです。

私はこれまで、南極、北極、深海、地中、火山、高地……と、できるだけ多様な極限環境を訪ね、さまざまな極限生物に出会ってきました。そして、「これでも生きているのか？」「どうしてこんなふうに生きられるのか？」といった驚きに何度も出くわしてきました。彼らの生態を知れば、みなさんの「生命観」も大きく揺さぶられるはずです。

クマムシの「樽」の過度な耐久力

みなさんが「極限生物」と聞いたときにまず思い出すのは、もしかしたらクマムシかもしれません（図2-1）。近年、よくテレビなどで「不死身の生物」「最強の生物」と紹介されたことで、すっかり有名になりました。もっとも「不死身」というのは過大評価で、指で潰せば、簡単に死にます。

クマムシは「緩歩（かんぽ）動物」と呼ばれる動物の一種で、エビやカニなどの節足動物から分かれたと考えられています。体長は0・05〜1・7ミリメートル。熱帯、極地、深海、高山、さらには温泉の中など、きわめて多様な環境に適応して生息しています。暑かろうが寒かろうが、海の中

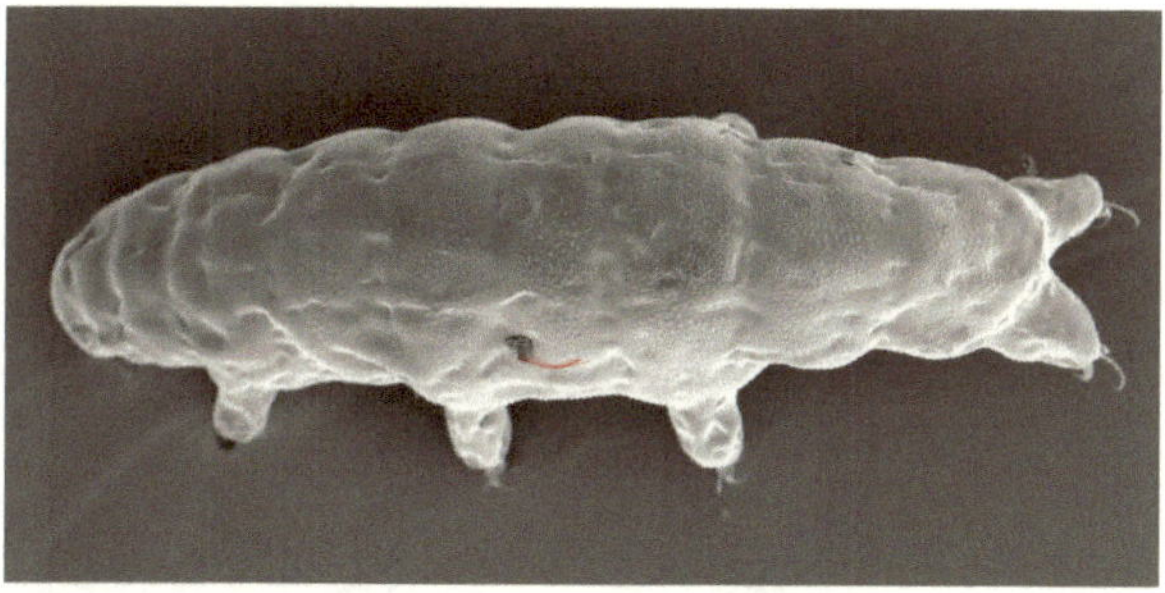

図2－1　クマムシ　撮影：堀川大樹／行弘文子

だろうが陸の上だろうが、どこででもクマムシ・グループとしては生きていけるわけです。しかし、もちろんそれだけでは極限環境に耐える動物とはいえません。

クマムシが人間たちのメディアにもてはやされる理由は、その体を「ある特殊な状態」にしたときに、過酷な環境への驚異的な耐久力を発揮するからです。

たとえば151℃の高温にさらされても、特殊な状態にしたクマムシは死にません。低温のほうも、0・0075ケルビンという、絶対零度に近いところまで耐えることができます。そして放射線に対しても、X線での致死線量は、なんと57万レントゲン。あの福島の事故以後、みなさんにもおなじみになってしまった単位に換算すると、5700シーベルトです。人間の致死線量は500レントゲン（5シーベルト）ですから、もうとんでもない強さです。

ただし、クマムシのこのような能力は、通常の状態では発揮されません。クマムシは極限環境に直面すると、体にある操作

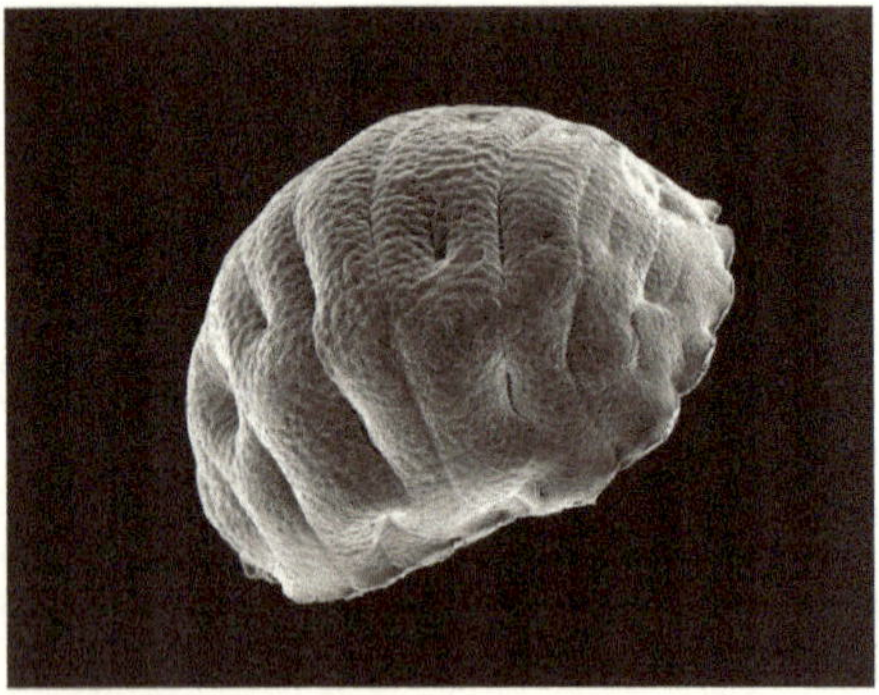

図2－2 「樽」の状態になったクマムシ
撮影：堀川大樹／行弘文子

をおこなっています。それは「脱水」です。通常は体重の85％を占めている水分を0・05％にまで減らして細胞から水分を抜き、コンパクトにまとまった「樽（たる）」という状態になるのです（図2－2）。クマムシが〝最強生物〟となるのは、この「樽」になったときです。水分を失うのは、生物にとっては致命的なはずですが、「樽」になったクマムシは抜けた水分のかわりに「トレハロース」という糖分を体内にふやすことで、命を保っています。トレハロースには、タンパク質を安定させたり、細胞の浸透圧を調節したりする機能があると考えられています。

ただし「樽」になったクマムシは、代謝が止まり、活動をしなくなります。いわば休眠した状態で、これをクリプトビオシス（仮死状態）といいます。水を与えれば、再び活動を始めます。

２００７年にはヨーロッパとロシアが協力して、「樽」にしたクマムシをロケットに乗せて宇宙空間に連れていき、真空に25日間、曝露させる実験をしました。その結果、宇宙空間でロケット内に置いた「樽」と、真空にさらした「樽」の生存率に差はありませんでした。クマムシの「樽」は真空にも強かったのです。

なお、この結果から「クマムシは宇宙空間でも死なない」と思っている人も多いようですが、それは正しくありません。この実験では、宇宙空間で真空紫外線に曝露した「樽」の生存率も調べられました。その結果はといえば、1日でほぼ全滅でした。地球上ではほぼ無敵の「樽」も、宇宙空間での耐久力には限界があるようです。

クマムシより強いネムリユスリカの乾燥幼虫

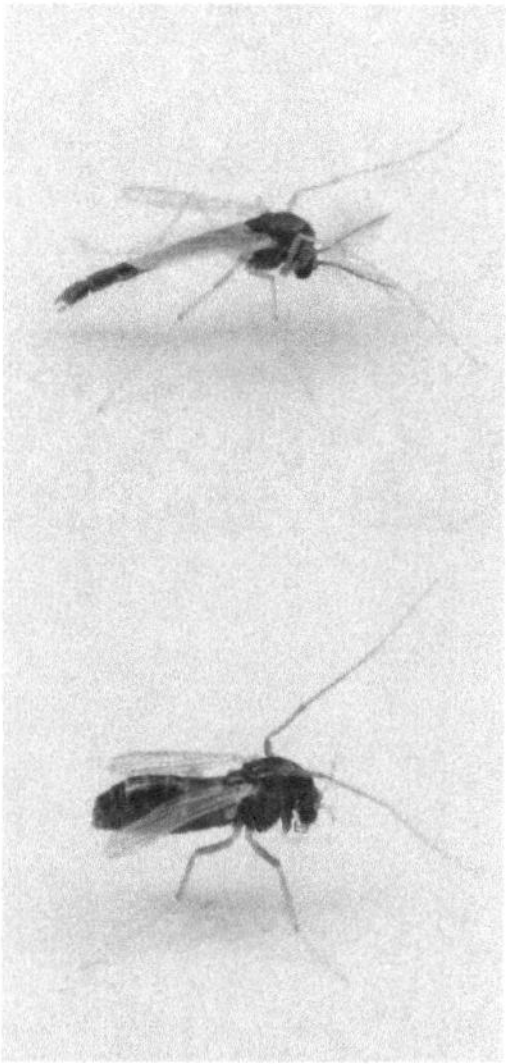

図2－3　ネムリユスリカのオス（上）とメス（下）
提供：独立行政法人農業生物資源研究所

ところが、「上には上」がいるのです。やはり乾燥状態になることで、クマムシ以上の耐久力をみせる生物がいます。カによく似たネムリユスリカという昆虫です（図2－3）。

ネムリユスリカはハエ目（双翅目）ユスリカ科に属し、体長

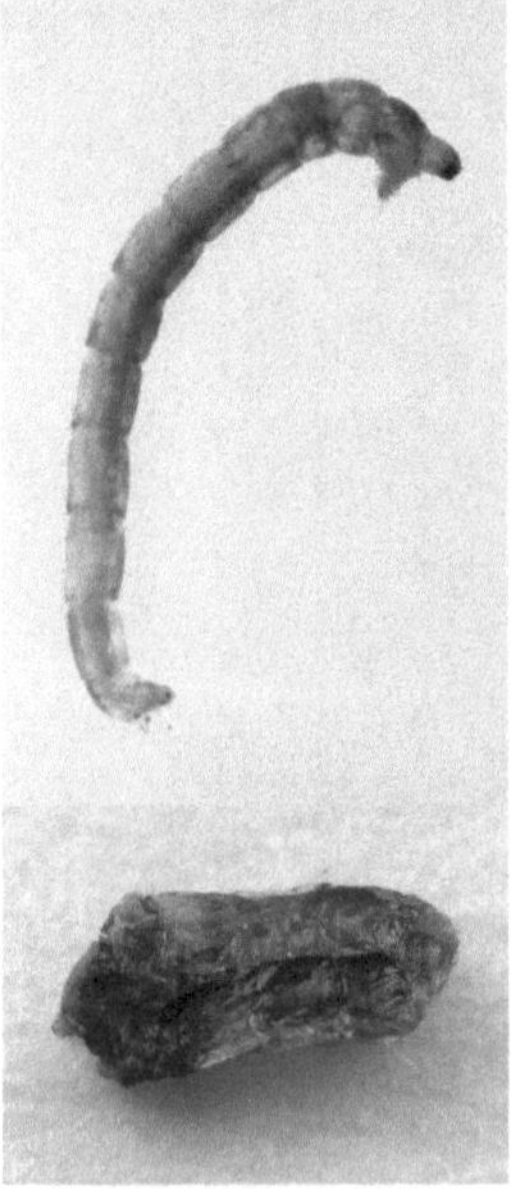

図2－4　ネムリユスリカの通常の幼虫（上）と乾燥幼虫（下）　提供：独立行政法人農業生物資源研究所

は5ミリ程度。アフリカの半乾燥地帯に生息しています。岩場のくぼみなどにできた水たまりに産卵し、幼虫（アカムシといいます）はそこで生活します。しかし、なにしろ降雨量の少ない乾燥地帯ですから、水たまりが干上がってしまうことも珍しくありません。

するとネムリユスリカの幼虫は、クマムシの「樽」のような乾燥した状態、いわば「乾燥アカムシ」となって生きつづけます（図2－4下）。その名のとおり眠った状態で次の雨を待ち、雨が降ると水を吸収して元に戻るのです。

ネムリユスリカの「乾燥アカムシ」がその状態のままで生きながらえた最長記録は、これまでにわかっているところでは17年です。17年後に吸水させたら、元に戻りました。人間の赤ちゃんが高校2年生になるまで、乾燥状態のままで生きていたわけです。しかも、この記録が限界なのかどうかは、わかっていません。もっと長生きする可能性もあるのです。

「乾燥アカムシ」は高温や低温にも強く、１０３℃で1分間、グツグツ煮ても死ななかった例や、マイナス１９０℃で77時間耐えたという例が報告されています。これも、それが限界というわけではなく、記録がさらに伸びる可能性があります。

「乾燥アカムシ」をアルコール漬けにした実験もあります。すると、なんと１６８時間も生きていました。1週間もアルコール漬けにされて死ななかったのです。私もアルコールは好きなほうですが、同じことをされたらひとたまりもありません。

しかも、放射線への耐性も強力です。なんと「乾燥アカムシ」は７０００グレイものガンマ線を浴びても死にません。人間ならば、10グレイ程度で死にます。クマムシの「樽」の致死線量は先述したとおり57万レントゲンです。X線とガンマ線を単純には比較できませんが、57万レントゲンをグレイに換算するとおよそ５０００グレイですから、ネムリユスリカの「乾燥アカムシ」はクマムシの「樽」よりも放射線に強いといえるでしょう。

ネムリユスリカの「乾燥アカムシ」も、クマムシの「樽」と同様、体内のトレハロースの量が多くなっていて、乾燥重量の約20％を占めています。これが水と置き換わり、細胞膜やタンパク質の構造を保つ役割を果たしているのです。

「真の極限生物」は微生物

ただ、クマムシの「樽」とネムリユスリカの幼虫の例はいずれも、みずからを乾燥させ、休眠状態となって過酷な環境に耐えるものでした。これはさきほども述べたように「仮死状態」(クリプトビオシス)であり、その環境で活動的に「生きている」わけではありません。

これに対して、極限環境でもいきいきと活動している生物たちがいます。むしろ積極的に、そうした環境を好んで生きている生物たちもいれば、そうした環境でしか生きられない生物たちもいます。本来の言葉の意味からすれば、彼らこそが「極限生物」の名にふさわしいといえるでしょう。

最初に申し上げておくと、彼らはみな「微生物」です。学術的には「極限環境微生物」と呼ばれています。では微生物とは何でしょうか。『岩波生物学辞典』(岩波書店)にはこうあります。

〈微小で、肉眼では観察できないような生物に対する便宜的な総称〉
〈単細胞生物はもちろん、多細胞であっても含めることがある〉

つまり、はっきりとした定義はないのですが、事実上は次の3通りといっていいでしょう。

●微小な真核生物(カビ、酵母、アメーバなど)
●バクテリア(日本語では「細菌」あるいは「真正細菌」とも呼ばれる)

●アーキア（日本語では「古細菌」とも呼ばれる）

「真核生物」とは、細胞に細胞核をもつ生物です。人間もこの系統に属しています。他方、バクテリアとアーキアは、細胞核をもたない「原核生物」です。いずれも大きさは1マイクロメートル（1000分の1ミリメートル）ほどで、外形はよく似ています。そのため、初めはバクテリアとアーキアは同じ系統であると考えられていましたが、1977年になって、まったく別の系統の生物であると唱えられました（その違いは難しくなるのでここでは説明しません）。

実は、この地球は「微生物の星」です。私たちが肉眼で見ることができる、哺乳類や鳥類や昆虫など、いわば陸上や海中にいる「ふつうの動物」の重量を合計すると、およそ100億トンになるといわれています。植物は、生きているとも死んでいるともいえない「木質」も含めて1兆～2兆トン。それに対して、土の中や海、私たちの腸内、そしてふつうの動植物が生息できない高温の温泉や塩湖（えんこ）、地下深くなどに棲んでいる微生物の重量を合計すると、あんなに小さい体なのに、なんと数千億トンに達するとも考えられているのです。

そうした極限環境でも繁栄している「真の極限生物」は、おもにバクテリアとアーキアです。彼らは姿かたちこそ地味ですが、私たち人間には信じられない能力を発揮して、私たちにとっては地獄のような場所でしぶとく生き抜いているのです。

これから、そうした極限生物たちを「部門別」に紹介していくことにします。

図２－５　深海の熱水噴出孔　©JAMSTEC

「超好熱菌」の世界記録

まず、「温度」部門でのチャンピオンをご紹介しましょう。なお「樽」になったクマムシは１５１℃にも耐えますが、その温度で「活動できる」生物は見つかっていません。

地下のマグマや海底火山の近くなどには、きわめて高温の環境でも活動し、増殖するバクテリアやアーキアがいます。おおまかにいえば、増殖するのに最適な温度が45～80℃くらいまでのものを「好熱菌」と呼び、80℃以上のものを「超好熱菌」と呼んでいます。超好熱菌の多くはアーキアです。

超好熱菌は１９６０年代から、アメリカ最大の火山地帯にあるイエローストーン国立公園や、日本でも箱根や伊豆などで見つかっていました。しかし、1970年代後半に浅い海の海底火山や深海の熱水噴出孔（図2-5）が発見されると、100℃以上の熱水でも増殖するものがいくつも見つかったのです。

2003年にはアメリカの研究者が、バンクーバー沖の海底火山から121℃の熱水中でも増殖するアーキアを発見して、当時の新記録を樹立しました。そして2009年には前述した日本の高井研氏が、インド洋の水深3000メートルにある海底火山で採取したアーキアが122℃で増殖することを発見して、記録を1℃更新しました。この「メタノピュルス・カンドレリ」というアーキア（図2-6）が達成した数字が、現在の世界記録です。

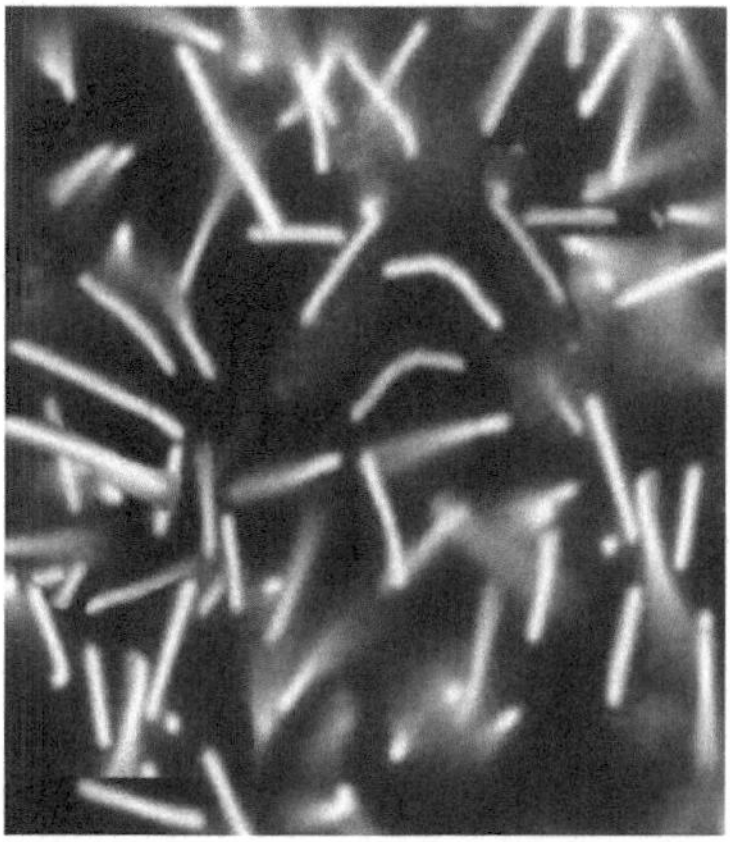

図2-6　「高温」の記録保持者メタノピュルス・カンドレリ

21世紀に入っての立て続いての記録更新には、大きな意味がありました。というのも、当時の医薬・食品業界では、121℃で20分加熱する「高圧蒸気滅菌」、いわゆるオートクレーブという手法が、よく推奨される滅菌方法だったからです。

次なるインパクトを狙う研究者はまた記録を

1℃更新する「123℃」で増殖する微生物を探そうとするでしょう。かつて棒高跳びの世界で「鳥人」と呼ばれたセルゲイ・ブブカが世界記録を1センチずつ更新していったようなものです。とはいえ私を含め多くの生物学者は、ある程度は更新されてもさすがに130℃超えは難しいだろうという印象をもっています。

「生命とは何か」という問いに関連して興味深いのは、地球に最初に誕生した生命は超好熱菌のような微生物だった可能性があることです。40億年前の地球は海底火山の活動が盛んで、いまよりもはるかに高温でした。私たちの「祖先」は、そのような灼熱地球の熱水噴出孔で、熱に非常に強いしくみをもって生まれてきたのではないかとする説が有力なのです。

なぜ高温でも平気なのか?

では、かりにそのような超高温環境で誕生した生物が私たちの祖先であったとして、その生物はどのようにして高温に耐えた、いや、適応していたのでしょうか。現生の超好熱菌の研究からわかったことをいくつか紹介しましょう。

まず、タンパク質に仕掛けがあります。生物の体をつくるのに欠かせないタンパク質は、たくさんのアミノ酸の並び方によってαヘリックスというらせん構造をつくったり、折れ曲がったり、いくつかがくっついたりして、立体的な構造をなすことで機能を発揮します(図2-7)。これを「構造と機能の相関」といいます。しかし、ふつうのタンパク質の立体構造は常温で機能するようにできていて、もし高温に曝されると立体構造が変わってしまいます。これは変形といってもよいのですが、生物学では「変性」、とくに熱変性といい、その場合、タンパク質の正常な機能が失われて、生物が致命的なダメージを受けることもあります。

ところが、超好熱菌のタンパク質には、高温でも変形しにくくなるように、タンパク質の立体構造を補強する仕掛けがあるのです。建物でいえば、〝釘〟や〝かすがい〟や〝すじかい〟に相当するものです。具体的には、疎水結合、水素結合、イオン結合、ジスルフィド結合などの「化学結合」が、タンパク質の立体構造の補強材になります。それらの化学結合を実現するのは、特定のアミノ酸です。そこで、アミノ酸の置き換えが許される範囲で、化学結合に寄与するアミノ酸を多く使うようにしてタンパク質をつくっているのです。

また、タンパク質を構成するアミノ酸のつく

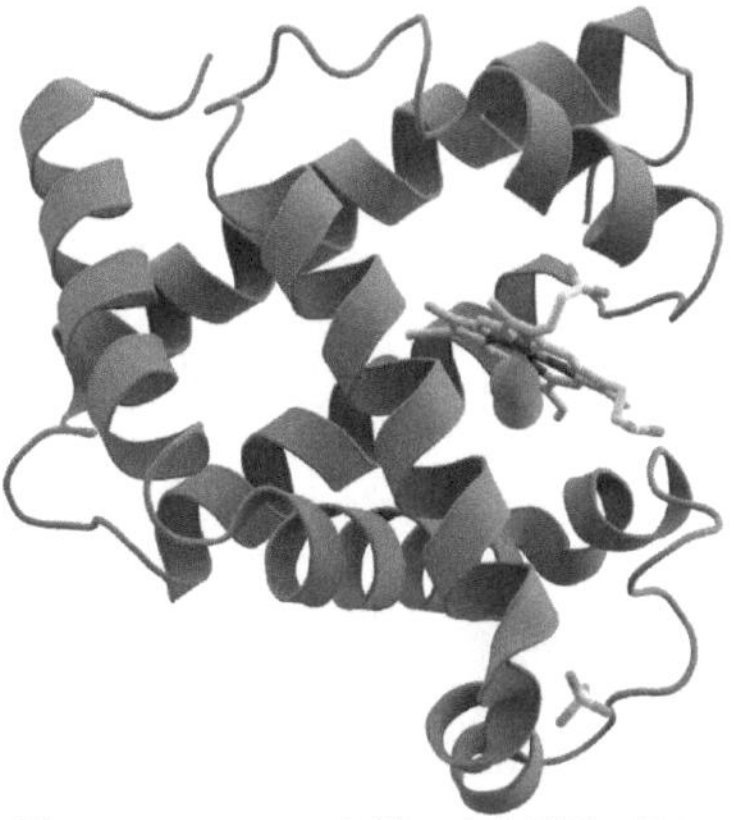

図2－7　タンパク質の立体構造（図はミオグロビン）

り方にも工夫があります。

どのアミノ酸を使うかは、遺伝情報を伝えるＤＮＡに書いてあります。具体的にはＤＮＡの二重らせんにおいて、二つのらせんをつなぐ〝はしご段〟のような「塩基」という部分です（図２-８）。

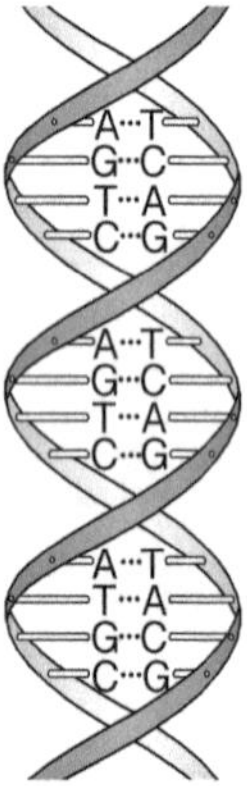
A…T
G…C
T…A
C…G
A…T
G…C
T…A
C…G
A…T
T…A
G…C
C…G
図２-８　DNAの二重らせんをつなぐ塩基

塩基にはＡ、Ｇ、Ｃ、Ｔと記される4種類があることはご存じの方も多いでしょう。三つの塩基の組み合わせで、一つのアミノ酸が指定されます。この組み合わせのルールのことを「コドン」といいます（図２-９）。地球生物はすべて同じコドンにしたがっていると考えてかまいません。

コドン（塩基の組み合わせ）は全部で64通り（＝４×４×４）ですが、アミノ酸は20種類ですから、1種類のアミノ酸を複数のコドンが指定することもあります。たとえば、アルギニンというアミノ酸を指定するコドンは六つもあります。ＣＧＣとＡＧＡはコドンの意味としては同じアルギニンですが、高温での安定性に違いがあります。四つの塩基のうちＧとＣは、ＤＮＡの二重らせん構造の間の〝はしご段〟が強いので（専門的には水素結合が3本あるので）、構造の安定化に役立ちます。したがって、どうせ同じアルギニンを指定するならＧとＣばかりを組み合わせ

第2文字

第1文字	T	C	A	G	第3文字
T	フェニルアラニン ロイシン	セリン	チロシン 終　止	システイン 終　止 トリプトファン	T C A G
C	ロイシン	プロリン	ヒスチジン グルタミン	アルギニン	T C A G
A	イソロイシン メチオニン	トレオニン	アスパラギン リシン	セリン アルギニン	T C A G
G	バリン	アラニン	アスパラギン酸 グルタミン酸	グリシン	T C A G

図2－9　コドンの表　アルギニンをつくるアミノ酸の組み合わせは6通りもある

たCGC（あるいはCGG）を使うほうが、より安定したコドンになるわけです。超好熱菌は、このような塩基の選び方をしていると考えられます。

超好熱菌が高温に耐える、あるいは、高温が好きになる方法はほかにもいろいろありますが、本書ではこのくらいにしておきます。

一方で、低温のほうの現在の記録はマイナス20℃です。ただし、これは人工的につくれる低温環境の限界がマイナス20℃という意味です。生物が活動できる温度を見極めるにはクマムシやネムリユスリカのように冷凍するのではなく、液体のまま水温を下げねばなりませんが、いまの技術ではマイナス20℃までしか水を冷やすことはできないのです。そして、その温度で増殖する微生物がいることは確認できているので、これが暫定的な「下限」となっています。いずれ実験方法が進歩すれば、マイナス20℃

より低温下でも増殖する微生物は必ず見つかるでしょう。

「現実にはない圧力」にも耐えるバクテリア

次は「圧力」部門です。暮らしている環境の気圧や水圧は、生物にとっては重要な問題です。私たちは日常的に「気圧」を感じることが少ないのでぴんとこないかもしれませんが、実は私たちは、かなり大きな気圧に耐えています。

私たちの頭上には約500キロメートルの厚さを持つ大気が乗っかっています。そして1平方センチメートルあたり、いわば指の爪くらいの面積あたりには、1キログラムの重さの空気が乗っています。これが「1気圧」です。それは人間の体の表面積の全体にかかっていますが、私たちは苦痛を感じません。体がそのようにできているからです。

しかし、もし気圧が急に2気圧になったら、たった1気圧ふえただけですが、私たちの体は潰れます。私たちだけでなく、ドラム缶も潰れます。実際にはそんな状況は起こりえませんが、極限生物を探して深海に潜る私たちのような研究者にとっては、圧力との戦いは絵空事ではありません。現在、私たちが深海調査に使っている潜水船「しんかい6500」はその名のとおり水深6500メートルまで潜ることができます。水中での水圧は、水深の値からゼロを一つとった気圧に等しくなります。つまり650気圧、指の爪ぐらいの面積に650キログラムもの重さがかかるというおそろしい圧力から私たちを守ってくれるのです。長さ約10メートル、幅約3メートル、高さ約4メートルの船体の中にある、直径約2メートルの球状の部分に3人で乗り組むのですが、その部分の壁の厚さは意外にも7センチメートルほどしかありません。それでも強靭なチタン合金でできているので、650気圧にも耐えられるのです。

では極限生物で、もっとも高い圧力に耐えた最高記録はといえば――その数字は、まさにケタ違いです。

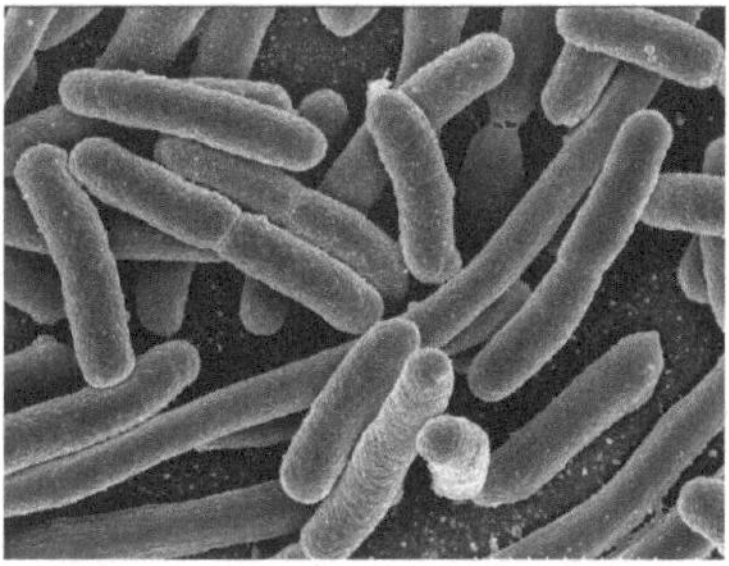

図2－10　2万気圧にも耐えた大腸菌

まず、アメリカのニューヨーク州のオナイダ湖の底泥から採られた「シュワネラ・オネイデンシス」という、どちらかといえば〝ふつう〟のバクテリアを高圧発生装置を使って培養した実験で、1万6000気圧という記録がつくられました。ところがその後、もっとふつうのバクテリアである「大腸菌」（図2－10）を少しずつ高圧に馴らすようにして培養したところ、意外にも簡単に適応して、なんと2万気圧でも生きていることが確認されたのです。

地球で生きていく分には、まったくムダにも思える高圧耐性ですが、これがいとも簡単に身についてしまうというのもまた、不思議なことです。水圧は水深が深くなるほど高まりますが、地球の海にここまで水圧の高いところはありません。いちばん深いところでも1万1000メートル、ゼロを一つとって1100気圧です。つまり、これらのバクテリアは、現実の地球には存在しない、「水深16万メートルや20万メートルの深海」に相当する圧力にも耐えられるのです。

いったいなぜ、このように過剰な能力を身につけたのでしょうか。頭のなかに「Why?」がいくつも浮かんできます。

なぜ深海でも潰れないのか

ここで、水深6500メートルまで潜ったときの水圧とはどれだけのものなのか、身近なもので実感していただきましょう。カップ麺の「発泡スチロール」容器に圧力を加えて、変形する様子を撮った写真を見てください（図2－11）。左は加圧前（原寸）、中央は水深1000メートル相当、右は6500メートル相当の圧力を加えたものです。水深6500メートルでは、もとの大きさの半分以下にまで縮んでしまうのです。

ただし、これはカップ麺の容器が発泡スチロール製の場合に限ります。容器が紙製なら、このようには潰れません。なぜでしょうか。

発泡スチロールには、「泡」という字が入っているように、空気が含まれています。空気の部

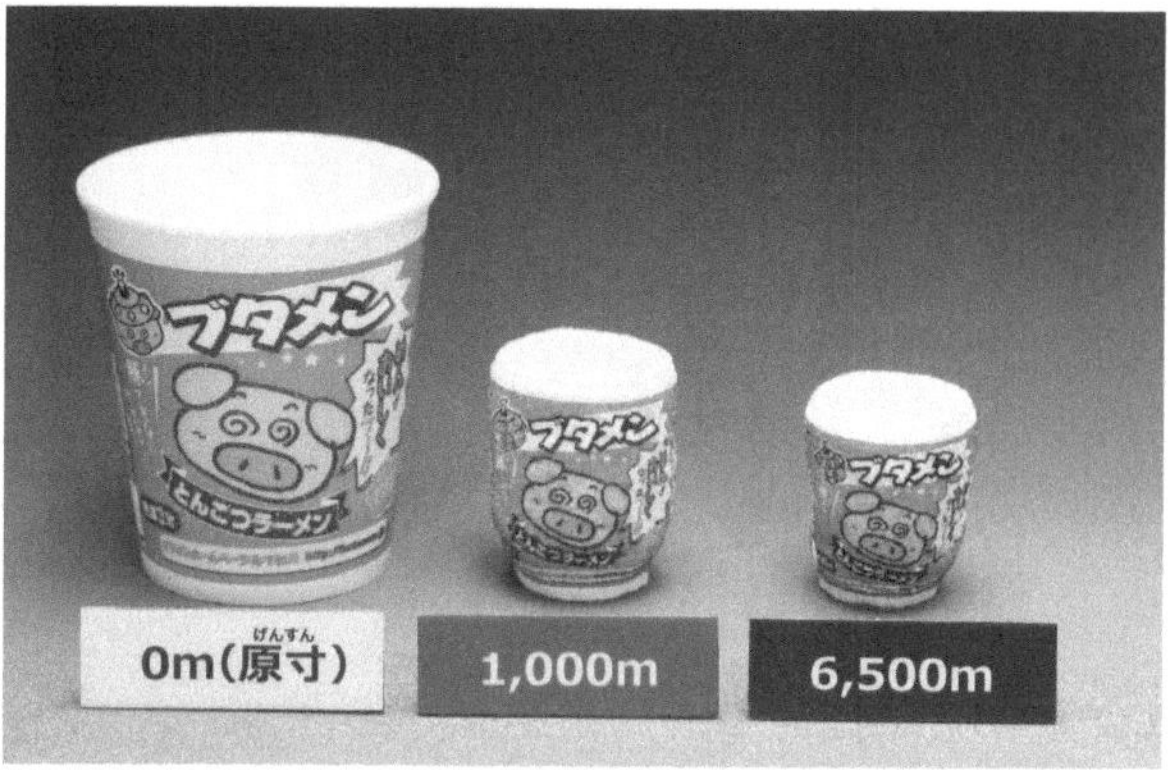
ブタメン
とんこつラーメン
0m(原寸)
1,000m
6,500m

図2－11　圧力で変形するカップ麺の容器　©JAMSTEC

分が水圧によって押し込まれるから、潰れるのです。だから、もともと空気がたくさん含まれていない物体は、たとえ軟らかくても水圧で潰れることはありません。たとえば豆腐やこんにゃくは、手でちょっと握っただけでも潰れますが、潜水船に乗せて深海に持っていっても、空気が少ないので潰れません。

深海で暮らす生物が水圧で潰れないのも、体が頑丈だからではありません。むしろ体は軟らかいのですが、そこに空気が含まれていないから潰れないのです。逆にいうと、体に空気をもっている生物は、本当の意味での深海生物とはいえないでしょう。よく「深海魚を急に地上に揚げると浮き袋が膨らんで死んでしまう」という話を聞きますが、浮き袋（空気）をもっている魚を、私は真の「深海魚」とは呼びません。本物の深海生物の場合、もし浮き袋のような機能が必要だとしても、そこには空気ではなく油が入っています。油なら大きな水圧がかかっても潰れません。「しんかい6500」も、電気系統などさまざまな部分が油漬けになっています。

クジラは肺呼吸をしているのに深海に潜れるのはなぜか、疑問に思う人もいるかもしれません。たしかに、深いところに潜るとクジラの肺は水圧でぺしゃんこに潰れてしまいます。しかし、肺に取り込んだ空気のうち、酸素はすぐに筋肉に貯蔵されるので、すでにその分だけ肺の体積が小さくなっています。つまり、クジラの肺は最初からしぼんだ風船のようなもので、つぶれやすくできていると考えられます。だから深海にも潜れるのでしょう。

なお、クジラの筋肉には「ミオグロビン」という酸素貯蔵用のタンパク質が豊富に含まれています。これは血液中で酸素を運ぶためのタンパク質「ヘモグロビン」（赤い血色素）とよく似ているので、ミオグロビンもまた赤い色をしています。これが豊富にあるため、クジラ肉は赤みが強いのです。

ただし、ミオグロビンは2000気圧（水深2万メートル相当）で変性してしまうことが知られています（ほかのタンパク質も同様です）。したがって、1万6000気圧あるいは2万気圧相当の水圧に耐えるバクテリアというのは、やはり尋常ではありません。ただ単に、体内に空気があるかどうかではなく、おそらくタンパク質レベルでの高圧適応があるはずです。また、タンパク質以外の生体分子についても、そうしたしくみがあるのでしょうが、それらの詳細はまだはっきりとはわかっていません。

酸素は生物に「不可欠」ではない

　では、低いほうの圧力はどうでしょうか。気圧が極限まで低くなる環境といえば、空気がない状態、つまり真空です。「真空では生物は生きられない」というのは私たちにとって「常識」ですから、極限生物といえども生存は不可能に思えます。

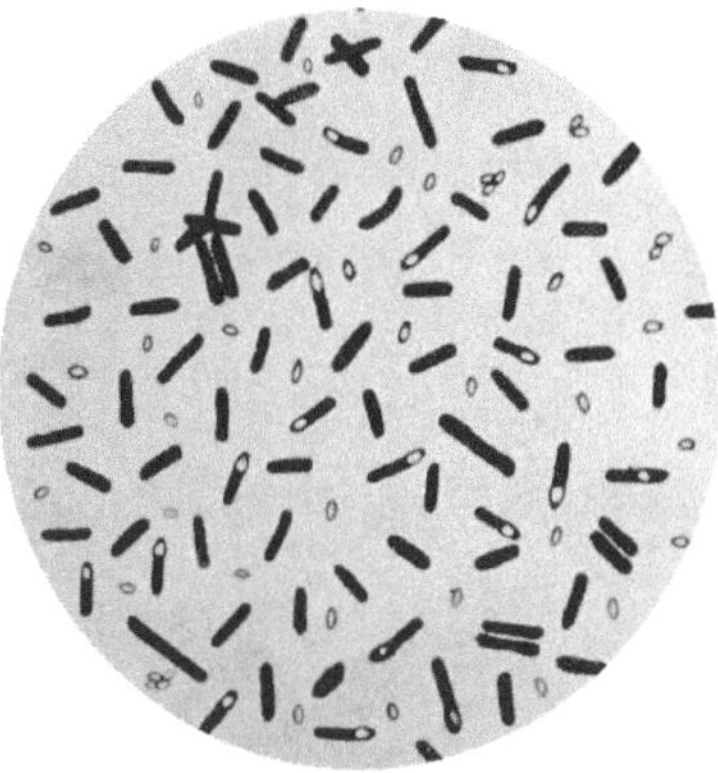

図2－12　真空でも強い毒性を発揮するボツリヌス菌

　しかし、実際には、真空でも生きられる微生物はいくらでもいます。彼らには私たちの常識は通用しないのです。たとえば１９８４年には「熊本辛子(からし)レンコン事件」が発生しました。真空パックされた辛子レンコンに、ボツリヌス菌（図２－12）というバクテリアが繁殖していたために、これを食べた人が11人も亡くなった事件です。ボツリヌス菌の毒性は「地球最強」ともいわれ、生物兵器への応用も懸念されているほどですが、真空パックにしてもボツリヌス菌が死ぬことはなく、その毒性はまったく失われなかったのです。

私たちが「真空パックにすれば安全」と思っているのは、具体的には酸素がなければ生物は呼吸ができずに死ぬだろうと考えているからです。しかし、その考え方をすべての生物にあてはめるわけにはいきません。実は地球上には、酸素などは毒でしかない、酸素なんかないほうがいいという生物もたくさんいるのです。生物には酸素が不可欠だという思い込みは、酸素を使う生物の「驕り」とさえいえるかもしれません。

では、人間が真空状態におかれたらどうなるのでしょうか。これについては、かつてアメリカでアポロ計画の準備中に、ちょっとした事故がありました。宇宙飛行士を入れた密室で気圧を変動させるテストをしているとき、うっかり内部の圧力を下げすぎて、実質的に真空の状態にしてしまったのです。数十秒後に気づいたので生命に別条はなかったのですが、その宇宙飛行士の報告には「舌の表面から水が蒸発してぶくぶくと泡が立つのを感じた」とありました。やはり、真空は危険なのです。一般的に、人間が真空にさらされると一瞬にして体内のガスが沸騰したり、眼球が飛び出したりするといわれています。微生物と違って体の構造が複雑で、水分やガスも多く含んでいるので、ゼロ気圧でのダメージは致命的なのでしょう。

もっともこの宇宙飛行士の証言は、真空になっても人間はすぐに死ぬわけではないことも示しています。おそらく体内が瞬時にゼロ気圧になるわけではなく、何秒かはタイムラグがあるのでしょう。これは私の空想ですが、宇宙空間で宇宙船が爆発しそうになり、宇宙ステーションに乗り移ることになったとします。ところが突発的なトラブルが発生してドッキングがうまくいかず、あいにく宇宙服も着ていない。そうなったらハッチを開けて、生身のまま「えいやっ」と宇宙空間に飛び出して乗り移るしかありません。それでも、目や口や耳など穴という穴をなんとか塞(ふさ)げば、死なずに宇宙ステーションに移れるのではないかと思っています。これぱかりは実験で確かめることはできませんが、宇宙医学を研究していた知人に聞くと、彼も同じことを考えたとのことでした。

タイタニック号で発見された新種のバクテリア

ここで少し、余談です。2012年、中国の潜水船「蛟竜号」が7062メートルの深さまで潜り、それまで日本の「しんかい6500」がもっていた世界記録6527メートルを更新しました。しかし、実は「しんかい6500」は1000気圧に耐えられるだけのポテンシャルをもっています。つまり1万メートルに到達しうるのです。にもかかわらず、日本は安全係数を厳しくとっているので、6500メートルまでしか許されないのです。もしそれを超えれば文部科学省から〝お叱り〟を受けることになります。一方、「蛟竜号」はポテンシャルぎりぎりまで潜ったとみられますので、実力は「しんかい6500」のほうが高いはずなのに、安全基準の違いから世界記録を譲ったと私は思っています。日本人としてはやや悔しい話ではあります。

ただし、これらの記録はいずれも、海底を「水平に」移動できる潜水船によるものです。「垂直に」潜航するだけなら、人類はすでに地球の海でもっとも深いマリアナ海溝の底（水深1万1000メートル）に到達しています。有人での潜航に最初に成功したのは1960年、アメリカ海軍のバチスカーフ（潜水艇）「トリエステ号」でした。そして2012年には、映画監督のジェームズ・キャメロンが一人乗りの「ディープシーチャレンジャー」に乗って初の単独潜航に成功しました。

そのキャメロン監督といえば大ヒット作の『タイタニック』が有名ですが、1912年の惨事以来、水深3650メートルの海底に100年以上も沈んだままでいるこの豪華客船の残骸から、生物学上の発見があったことはご存じでしょうか。

1988年に、海水によって腐食した船体の鉄が、氷の「つらら」のような状態で固まっているという不思議な現象が見つかり、話題になりました（図2-13）。なかには人間の背丈ほどもある巨大なものもありました。しかし、生物学者たちはとくに不思議とは思っていませんでした。おそらくは微生物の仕業だろうと考えていたからです。私自身もその後、朝日新聞の取材を受けて「映画ではレオナルド・ディカプリオが主演だが、深海のタイタニック号では細菌が主役

図2－13　タイタニック号の残骸で見つかった「鉄のつらら」

になっているのかもしれない」とコメントしています。

はたして2010年、アメリカの研究者がその「鉄のつらら」を引き上げて調べてみたところ、「ハロモナス」というグループに属するバクテリアの新種が付着していることが判明したのです。このバクテリアは「ハロモナス・ティタニカエ（*Halomonas titanicae*）」と名づけられました。「titanicae」の語源は「タイタニック（Titanic）」です。

ハロモナス・ティタニカエは、いわば「鉄を食べる」バクテリアです。第1章で「生命とはエネルギーを食うシステムである」という定義が出てきました。エネルギーを得るために、動物は、ほかの生物、つまり有機物を食べます。植物は太陽光を使って光合成をして、みずからエネルギーをつくります。ところが、ハロモナス・ティタニカエはそのどちらでもありません。彼らはほかの有機物を食べるわけでもなく、かといって光がまったく射し込まない深海では光合成もできないからです。では、どのようにして栄養を得ているのか。無機物の鉄を酸化させて、そのときに生じるエネルギーを利用して有機物をつくっているのです。つまり光合成のかわりに、化学合成をしているわけです。私はこれを「暗黒の光合成」と呼んでいます。

光合成をする植物や、化学合成をするハロモナス・ティタニカエのように、無機物からエネルギーをつくることを「独立栄養」といいます。これに対し、動物のようにすでにある有機物（ほかの生物）を食べることを「従属栄養」といいます。

タイタニック号に残っていた5万トンもの鉄は、ハロモナス・ティタニカエにとっては無尽蔵のごちそうのようにも思えました。しかし実際には、あと20〜30年もすればすべての鉄は食い尽くされるだろうとみられています。

すべてはメタンから始まった？

ハロモナス・ティタニカエの話が出たついでに、もう少し「暗黒の光合成」の話を続けます。

第1章で、炭素が安定した状態で存在するのは還元端のメタン（CH_4）か、酸化端の二酸化炭素（CO_2）しかないという話をしました。還元端のメタンはもっとも酸化しやすく、「暗黒の光合成」をする生物にとってはもっとも利用しやすい物質です。実際、メタン酸化細菌というバクテリアがいて、メタンを酸化することでエネルギーを得て、かつ、メタンを炭素源にして有機物のからだをつくりだしています。これは「暗黒の独立栄養」の一つで、「メタン栄養」といいます。

このメタンの酸化には酸素（O_2）が必要ですが、酸素は何かとくっつきやすい元素なので、単独の状態で存在することは稀です。メタン酸化細菌が棲む海底下では多くの場合、酸素はイオウと結合した硫酸イオン（SO_4^{2-}）の状態にあります。つまりメタン酸化細菌による「暗黒の光合成」とは、メタン（CH_4）と硫酸イオン（SO_4^{2-}）によって有機物をつくる反応ということになり、このとき、副産物として硫化水素（H_2S）ができます。

すると、今度はイオウ酸化細菌というバクテリアが、硫化水素を酸化させて「暗黒の光合成」を行い、二酸化炭素を炭素源として有機物をつくります。このように、最初にメタンさえあれば、「暗黒の光合成」ないし「暗黒の独立栄養」の連鎖は続き、鉄を食べるハロモナス・ティタニカエのように、無機物によって次々に生命が育まれるのです。

では、メタンはどのようにしてできるのでしょうか。ここで大きな役割を果たすのが「メタン生成菌」というアーキアです。メタン生成菌は水素と二酸化炭素の反応によるエネルギーを使って、二酸化炭素を炭素源として有機物をつくりだし、このときメタンを吐き出すのです。現在でも土壌から動物の消化器官まで、至るところに生息していて地球上のメタンのほとんどを生成していますが、私はこのメタン生成菌こそが、地球生命の根源ではないかという気がしています。原始の地球には、二酸化炭素は現在よりもはるかに多量に存在していました。水素も、熱くなった岩石、とくにマントルを構成するかんらん岩などが水と接触すると発生します。このような環境下で、二酸化炭素と水素からメタンをつくり、「暗黒の独立栄養」の連鎖の口火を切った。これが地球生命による「最初の反応」なのではないかと思うのです。

しかも、122℃の熱水中で増殖して世界記録をつくった前述の超好熱菌メタノピュルス・カンドレリも、メタン生成菌です。これが生命のはじまりであるとする見方は、より説得力をもって私たちに迫ってきます。

「スペシャリスト」より「ジェネラリスト」

極限生物の「部門別チャンピオン」の紹介に戻りましょう。「温度」、「圧力」の次は、「塩分」部門です。

食品を塩漬けにすることで黴菌(ばいきん)の繁殖を抑えられることはよく知られています。基本的に生物は、塩分に弱いのです。塩の浸透圧によって体の水分が抜かれてしまうこと、ナトリウムイオン（Na^+）が過剰に流入して体内のイオンバランスが崩れること、という二つの理由から、タンパク質が変性したり代謝が阻害されたりして、致命的なダメージを受けるからです。

しかし、そんな常識が通用しない強者（つわもの）がいます。「高度好塩菌」と総称される、塩分が大好きな連中です。彼らは塩分濃度が10％、もしくはそれ以上の水の中で盛んに増殖します。参考までにいえば海水の塩分濃度は約3・5％、醤油は16～18％、飽和食塩水で約30％です。

たとえば、かつて日本のあちこちにあった塩田は、しばしば真っ赤に染まることがありました。高度好塩菌のアーキアが繁殖すると、そんな色になることがあるのです。また、カスピ海やグレートソルト湖などが有名な「塩湖」には赤い藻が生えていることがありますが、これも高度好塩菌の仕業です。面白いのは、赤い藻を餌としているフラミンゴの体も、同じ色に染まってしまうことです。フラミンゴはピンク色だと思っている人は多いでしょうが、実は、あの鳥の本来の体色は白なのです。豆知識としていえば魚のタイも赤いほど市場価値が高いので、アスタキサンチンという赤い色素を含んだ藻を食べて赤くなったオキアミをエサに擦り込んだりしています。

高度好塩菌が高濃度の塩分にも平気なのは、塩分に対抗して浸透圧やイオンを調節する物質、たとえばトレハロースなどを体内に溶かし込んでいるからです。トレハロースはクマムシの「樽」やネムリユスリカの「乾燥アカムシ」においても重要であることは前に説明しました。

しかし、高度好塩菌にも弱点があります。真水に入れると、水分が過剰に体内に流入して細胞が膨張し、細胞膜が破裂して死んでしまうのです。彼らはもともと高濃度の塩分に適応して進化してきたので、逆に塩分がない環境では生きられないのです。

そんな高度好塩菌のアーキアよりも、はるかにこの部門のチャンピオンにふさわしいと私が考えているバクテリアがいます。塩分濃度30％の飽和食塩水でも、真水でも生きられるすごいやつ——その名を「ハロモナス」といいます（図2－14）。「ハロ」は塩、「モナス」は菌という意味です（そのまんまのネーミングですが）。

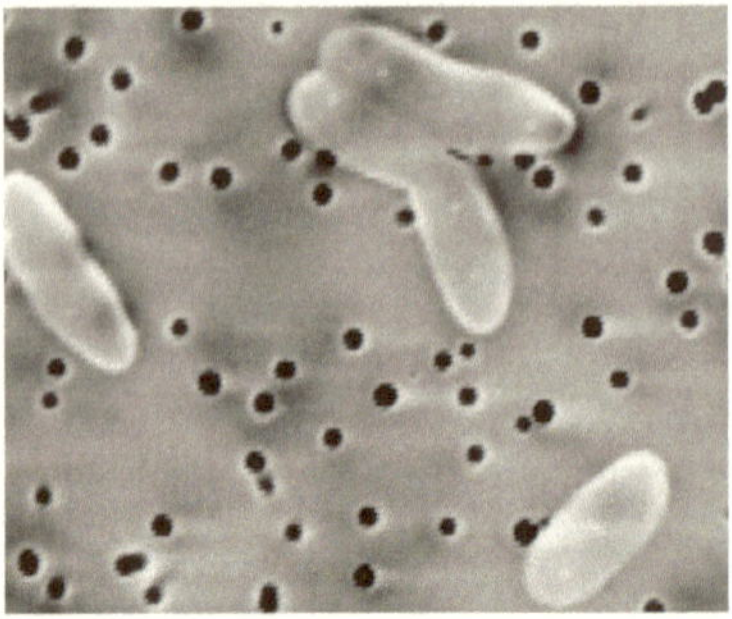

図2－14　塩分部門の「ジェネラリスト」ハロモナス

高度好塩菌のアーキアを塩分の「スペシャリスト」とすれば、ハロモナスは「ジェネラリスト」といえます。その意味で、彼らは広範囲好塩菌とも、好塩菌と同じ音で「広塩菌」とも呼ばれています。こんな微生物はいまのところ、ハロモナスとその仲間のほかには見つかっていません。さきほど紹介した、タイタニック号で発見されたハロモナス・ティタニカエもこの一種です。

どんな塩分濃度でも生きていける。ハロモナスがこのような特異な能力を獲得できたわけは、体内の「エクトイン」などの浸透圧調節物質の量を自在にコントロールできるところにあります。塩分濃度が高ければ調節物質を蓄積し、塩分濃度が低ければ排出するのです。わずか1～2マイクロメートルの小さな体にもかかわらず、実に巧妙にできているのです。

しかも、ハロモナスのすごさはこれだけではありません。

「ハロモナスの衝撃」その1

1997年、私は「しんかい6500」に乗って、大西洋中央海嶺の海底火山に潜りました。水深3650メートル、海底火山からは200℃以上もある熱水が黒煙のように噴出しているという生物には過酷な環境でしたが、驚いたことに、そこで採取した微生物を培養してみると、その中にハロモナスがいたのです。

それより前に、オーストラリアの研究者が南極の海の氷からハロモナスを採取したという報告例があったことを聞いていました。調べてみると、私が大西洋の海底火山で採ったハロモナスは、南極海の氷で採れたハロモナスと遺伝子が99％一致していたのです。つまり、ほぼ同じ種類ということです。これはふつうでは考えられないことでした。極寒の海氷と、灼熱の海底火山、いわばまったく正反対の二つの極限環境のどちらにも、よく似たハロモナスが生息していることになるからです。

さきほど「温度部門」でのチャンピオンをご紹介しましたが、どんなに高温に強い極限生物で

図2－15　南極沿岸部にある塩湖。白く見えているのは雪氷ではなく塩

も、生存できる温度の幅は30℃ほど、最大でも50℃くらいです。低温から高温まで、このように幅のある分布範囲（ただし生育範囲ではない）を示す生物は私の知るかぎり、ハロモナスのほかにいません。

　しかし、海は世界中でつながっていますから、南極の海で見つかったハロモナスは、たまたまほかの海域から流れてきたものであった可能性もあります。そこで私は、南極にいたハロモナスの「出身地」を確かめるために、南極大陸へ飛びました。もし大陸でもハロモナスが見つかれば、海の中にいたハロモナスも南極の住人と考えてさしつかえありません。

　南極大陸というと雪や氷に覆われた「白い大陸」というイメージが強いでしょうが、私にいわせれば「しょっぱい大陸」です。南極はきわめて乾燥していて、沿岸部の露岩域にあるいくつかの湖沼を除けば、液体の真水がほとんど存在しません。とくに「南極ドライバレー」と呼ばれる地域は、夏の雪解け水もそこに流れて来る途中で蒸発してしまうため、地球上でもっとも乾燥した場所になっています。海水を含んだ大地は、水が蒸発すると塩が吹いた状態になります。一見すると雪や氷としか思えないけれど、実は塩のせいで白いところがたくさんあるのです(図2-15)。極寒のうえに塩だらけという、生物には厳しい環境なのですが、「塩の菌」ハロモナスならば繁殖している可能性はあります。

はたして南極大陸を調査してみると、やはりハロモナスは見つかりました。高濃度の塩分でも真水でも平気なばかりか、海底火山の高温にも南極の低温にもハロモナス・グループは適応できることがわかったのです。「なんてやつだ」と舌を巻きました。

「ハロモナスの衝撃」その2

しかし、話はそれだけでは終わりませんでした。

その後、私は東京大学の故・玉木賢策先生が主導する北極海調査の大きなプロジェクトに招かれて、北極海の海底火山周辺で微生物を調べていました。そのとき、南極にいたのだから北極にもいるのではないかと、学生の一人にハロモナスを探させてみたら、やはり見つかりました。衝撃を受けたのはそのあとです。このハロモナスの遺伝子を調べてみたところ、イオウ酸化細菌と同じ、ある遺伝子をもっていたのです。

イオウ酸化細菌とは、無機物のイオウを酸化して、そのとき生じるエネルギーを使って有機物をつくりだす、さきほども述べた独立栄養のバクテリアです。独立栄養のためには、体の中に二酸化炭素を固定させる「ルビスコ」という酵素が必要です。イオウ酸化細菌は、このルビスコをつくるための遺伝子をもっています。

そして北極海で採取したハロモナスも、これと同じ遺伝子をもっていたのです。このことは、このハロモナスも独立栄養で生きているということを意味しています。これには仰天しました。ハロモナスが従属栄養であること、つまり他者から有機物を得ていることは、当時の「常識」でした。「独立栄養だ」などといえば、研究者仲間から笑われたでしょう。独立栄養で生きているハロモナスがいる——これは世界で初めての発見でした。前述した鉄を酸化させる（つまり独立栄養の）ハロモナス・ティタニカエがタイタニック号で見つかったのは、このすぐあとです。

ふだんは従属栄養で生きているハロモナスは、「食べ物」がない環境下では、独立栄養に切り替えて生きのびているのではないか——北極での発見は、その可能性を示唆しているのです。

「地球最強の生物」とは？

私はいまでこそ「極限生物の研究者といえば誰々」の一人に入れていただけるようになりましたが、もともとは「生命の起源」に興味があり、その研究をしたいと思っていました。にもかかわらず、筑波大学4年生のときに「極限生物」を専門にしたのは、卒業論文のテーマを決められず、迷っていた私を拾ってくれた関文威先生がいたからでした。その後、先生のお人柄に惹かれて極限生物の研究を始め、最初に就職した海洋科学技術センター（現海洋研究開発機構）でも深海研究部に配属されて極限生物を担当したのですが、これらは大まかな方向性は自分で指向していたものの、具体的なアクションとなると、どちらかといえば、なりゆきともいえる経緯だったわけです。そのような私が極限生物にのめり込むきっかけとなったのが、ハロモナスでした。正確を期すとハロモナス・グループです。

高濃度の塩分にも、真水にも、高温にも、低温にもへっちゃらで、食べ物がないところでは従属栄養から独立栄養に切り替えて自分で栄養をつくりだす——ハロモナスこそは「究極のジェネラリスト」といえます。私たちが「極限生物」というとき、どれだけの温度、どれだけの塩分に耐えられるか、という限界のほうばかりに目を向けがちですが、どれだけ広範囲の環境変動に耐えられるか、という視点は「極限」という概念に新しい意味づけを与えるものです。おそらく、その視点のほうが面白く、また「生命とは何か」を考えるうえでも本質的なものなのではないか、という気がするのです。

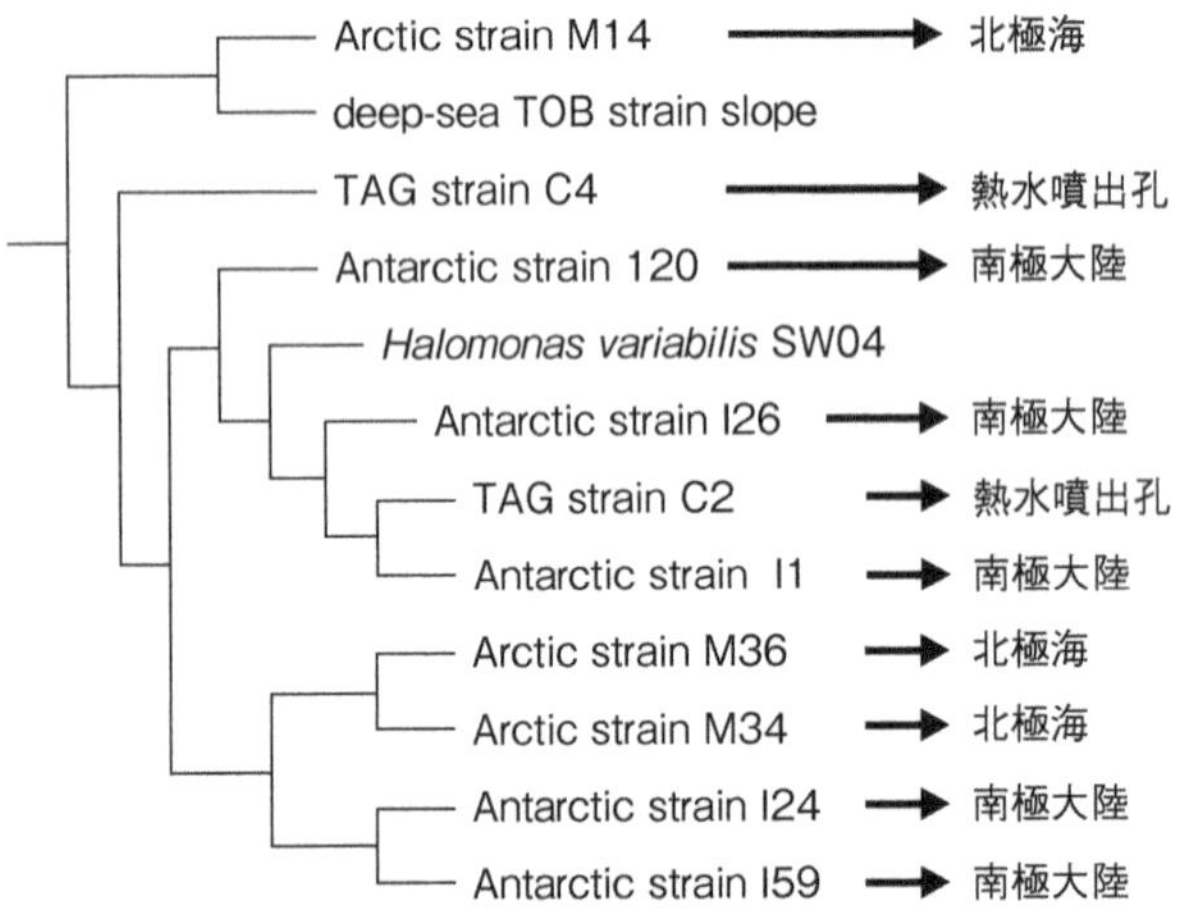
Arctic strain M14
北極海
deep-sea TOB strain slope
TAG strain C4
熱水噴出孔
Antarctic strain 120
南極大陸
Halomonas variabilis SW04
Antarctic strain I26
南極大陸
TAG strain C2
熱水噴出孔
Antarctic strain I1
南極大陸
Arctic strain M36
北極海
Arctic strain M34
北極海
Antarctic strain I24
南極大陸
Antarctic strain I59
南極大陸

図2－16　ハロモナスは地球のあちこちに棲んでいる

ハロモナスが地球上のどこに生息しているか、その「生物地理」を調べてみると、このバクテリアは地球規模で一大ファミリーを形成していることがわかります（図2－16）。最近、多くの生物学者の研究によって、広範囲の塩分環境で生きられる生物は、あらゆるストレスに強いのではないかと考えられるようになってきました。ハロモナスのような「広塩菌」は、そのほかのストレス要因（熱、乾燥、放射線、紫外線など）にも強いということがわかってきたのです。

マイクロメートル（1000分の1ミリ）単位という小さな体であらゆる場所にはびこるハロモナスを見ていると、私は「生物の進化とはいったい何なのだろう」と考えさせられてしまいます。

ハロモナスは進化の系統上は端のほう、つまり、かなり進化した部類の生物です。すると彼らのジェネラリストぶりは、進化の結果なのでしょう。私たち人間は、人間こそがもっとも進化した「地球最強の生物」であると思い込んでいます。しかし人間は環境の変化にはもろく、気温がわずか数℃上がっただけでも不適合を起こし、熱中症などで死亡することもあります。いわば人間は、生息可能な領域をどんどん狭く、限定する方向に進化した生物であるともいえます。すると、生息可能域をどんどん広げていく方向に進化したハロモナスは、人間とは「真逆の方向」に進化した生物といえるでしょう。

そう考えると私は、人間は本当に「地球最強の生物」なのか、わからなくなってきます。そして、どんな環境でも生きて、はびこっていこうとするハロモナスのような生物がいることを、命を簡単に放り出してしまいがちないまの中高年の男性に知ってほしいと思うのです（若い人と女性の自殺は相対的に少ない）。

デイノコッカス・ラジオデュランスの「ムダな能力」

極限生物が見せるさまざまな特殊能力のなかには、なぜそんな能力を身につける必要があったのか、どう考えても解せないものもあります。

「圧力」部門で紹介した2万気圧にも耐える大腸菌もその例の一つですが、その上をいくのが、

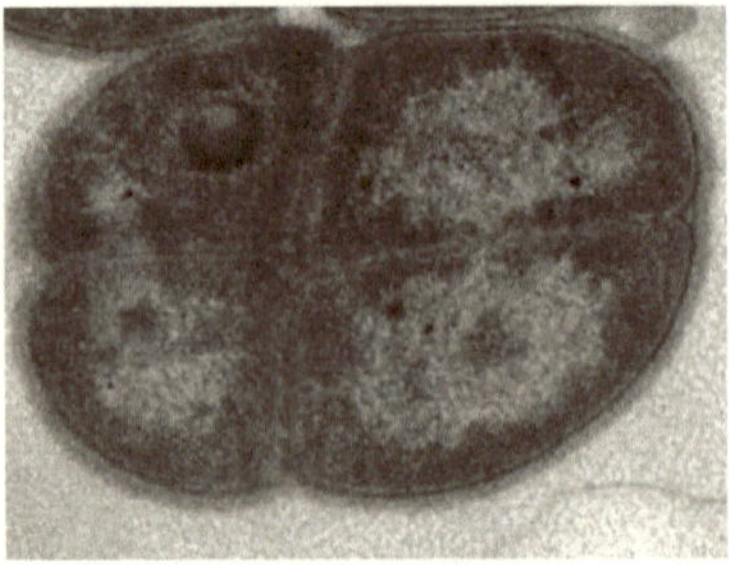

図2－17　放射線に異常な耐性をもつデイノコッカス・ラジオデュランス

「放射線」部門のチャンピオン、「デイノコッカス・ラジオデュランス」というバクテリアです（図2－17）。「デイノ」は「恐怖の」、「コッカス」は「球菌」、「ラジオ」は「放射線」、「デュランス」は「耐える」という意味ですから、そのものズバリ「放射線に耐える恐怖の球菌」という名が与えられていることになります。

1956年にアメリカのオレゴン農業試験場でアンダーソンという研究者らが、食品保存の方法について研究していました。彼らは牛肉の缶詰に放射線（ガンマ線）を照射して、滅菌の効果を確かめる実験を行いました。肉が腐るのは微生物が繁殖するためであることから、放射線によって微生物を殺してしまえば肉が腐ることはないだろうと考えたのです。このとき照射した放射線は、微生物に限らずほとんどの生物にとって致死量と考えられるレベルでした。ところが、それでも缶詰の肉のいくつかが、腐ったのです。アンダーソンらが驚き、原因を調べたところ、肉が腐ったのはそれだけの放射線にも耐えて生き残っていたバクテリアの仕業であることがわかりました。彼らがデイノコッカス・ラジオデュランスであり、この名はそのときつけられました。

人間は10グレイの放射線を浴びると死にますが、このバクテリアが耐えられる放射線量の上限値は、これまでわかっているところでは1440グレイとされています。シーベルト単位に換算すると、実に毎時6000万マイクロシーベルト。日本の法令で定められている、私たちが浴びてもよい放射線量の限度は年間で50ミリシーベルト（＝5万マイクロシーベルト）ですから、その1200倍！　とんでもない値です。

デイノコッカス・ラジオデュランスは、なぜこのようなケタ違いの放射線に耐えることができるのか？　そのメカニズムがわかったのは、最近のことです。彼らが「ゲノム」を4セットもっていることに、その理由があったのです。

ゲノムとはみなさんもご存じのように、遺伝情報の総体です。ゲノムが放射線に傷つけられたときに生物が致命的なダメージを受けるのは、ゲノムの修復が正しい情報によらずに、間違った情報のもとで行われてしまうからです。ところが、デイノコッカス・ラジオデュランスは一つの遺伝情報に対して、ゲノム1、ゲノム2、ゲノム3、ゲノム4という4セットのゲノムをもっています。そして、たとえばゲノム1でDNAの4種類の塩基（A、G、C、T）のうち、Aについての情報をもつ部分が損傷すると、ゲノム2～ゲノム4のAの部分と照合して、正しい情報のもとにゲノムを修復するのです。いわば1対3で「答え合わせ」をすることができるわけです。

もちろん、ゲノム1のAが損傷したときにゲノム2～ゲノム4でも塩基のどこかが損傷しているということはありうるでしょう。しかし、四つのゲノムがすべて同じ部分を損傷する確率はかなり小さいはずです。正しい情報は、ほかの三つのゲノムの過半数に残っている。このしくみによって、ゲノムを正しく修復することができるのです。

このようなゲノムの答え合わせは、いわば最先端の生物学者がパソコンを使ってやっていることと同じです。それを彼らは、自分たちの細胞内でやっているのです。この驚くべき修復能力に敬意を表して、デイノコッカス・ラジオデュランスのことを私は極限生物の「癒し系」と呼んでいます。

それにしても不思議なのは、なぜ彼らがこんな能力を身につけたのかということです。地球上に、これほど強烈な放射線が出ている場所はありません。彼らが生きていくうえで、こんな能力はまったく必要がないのです。

「ひょっとして、デイノコッカス・ラジオデュランスは宇宙空間からやってきたのでは？」

そう考えた読者もいるかもしれません。たしかに宇宙空間には、人間の致死量よりもはるかに強い放射線が飛び交っています。しかし、もし彼らが〝宇宙生物〟だとすると、地球生物の「進化の系統樹」の上には載らないはずです。ところが実際には、彼らは進化の系統樹に載っているばかりか、そのかなり端のほうに位置づけられる、つまりかなり進化をとげている生物です。したがって、現在の能力はあくまで地球上で進化させたと考えるしかないのです。ではなぜ、こんな「ムダな能力」を身につけたのか――本当に不思議でなりません。

異常に長生きのバクテリア

放射線のチャンピオンを紹介したついでに、「紫外線」のほうもみておきましょう。

紫外線といえば、とくに女性にとっては「お肌の大敵」というイメージでしょう。その意味でお勧めできないのは、やはり南極です。極寒で乾燥しているうえに、上空のオゾン層に穴があいているので紫外線も強い。あっという間に真っ黒に日焼けして、肌がガサガサになります。

微生物の場合は、人間が日焼けで悩む程度の紫外線なら問題ありません。しかし、強力な紫外線は生死に関わります。いわゆる「殺菌灯」に紫外線が利用されるのも、ある波長以下の紫外線には微生物のDNAを損傷させる効果があるからです。

しかし、殺菌灯レベルの紫外線にも平気で耐える微生物がいます。その最高記録は、5000ジュール毎平方メートル（J/m^2）。一般的な殺菌灯は35ジュール毎平方メートル程度（空気中の大腸菌がほぼ100％死ぬレベル）ですから、その140倍以上も強い紫外線に耐えられることになります。記録をつくったのは「バチルス」と呼ばれるバクテリアの仲間です。

バチルスには、細胞の中に胞子をつくるという特徴があります。胞子の内部では、特殊なタンパク質がDNAを取り巻いています。このタンパク質には、水分を抜くとガラスのような状態に

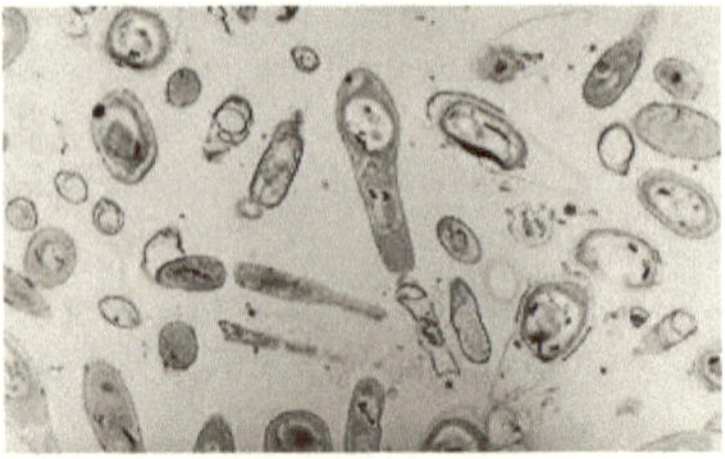

図２－18　岩塩の中で２億5000万年を生きたハロバチルス

なる性質があるのです。ガラスは人間が放射性廃棄物を閉じ込めるときにも使われるように、放射線や紫外線をシャットアウトするにはもっとも有効な素材です。バチルスのＤＮＡも、このガラス状のタンパク質が保護してくれるので、紫外線が当たっても損傷しないのです。

しかもいったん胞子をつくってしまうと、紫外線だけでなく放射線、高温、低温、塩分、乾燥など、ほかのさまざまな極限環境にも耐えられるようになります。その耐久性のすさまじさは、なんと恐竜が地球上に出現するより前の中生代初めにできた岩塩の中から、「生きたバチルス」が発見されたことでもわかります。年数でいえば、約2億５０００万年前！　その時代にできた塩が長い時間をかけて地中に押し固められ、岩塩になったものを地下５６０メートルから掘り出したところ、塩の結晶の中に、塩に強い「ハロバチルス」（図２－18）という種類のバチルスが見つかったのです（「ハロ」は「塩」の意味でしたね）。

2億５０００万年は、極限生物の生存期間のレコードです。バチルスは「紫外線」部門とともに、「長寿」部門の王者でもあるのです。この驚くべき耐久力に敬意を込めて、私はバチルスを極限生物の「ガマン系」と呼んでいます。

バチルスの仲間にはほかにも、とても必要とは思えない不可解な能力をもっているものがいます。2002年に私は、石垣島沖の黒島海丘を調査していて、海底からメタンガスが湧出している「メタンシープ」と呼ばれる場所で、ハロバチルスを発見しました。そこには炭酸塩のコンクリートが大量に固まって、拡がっていました。それまで深海に棲むハロバチルスは見つかっていなかったのですが、深海の塩の塊から、ついにハロバチルスを採取することができたのです。私はこのとき見つかった2種を新種記載し、それぞれ「ハロバチルス・クロシメンシス」、「ハロバチルス・プロフンドゥス」と名づけました。「クロシメンシス」は「黒島」、「プロフンドゥス」は「深海」という意味です。それはいいのですが——。

調べてみると、この新種のハロバチルスたちが、乾燥にやたらと強いことがわかったのです。繰り返しますが、採取した場所は深海です。水の中です。なのに、どうして乾燥に強い必要があるのか……思わず頭を抱えてしまいました。

その能力、いらんやろ?

しかし、「ムダな能力をもつ極限生物」の〝東西の横綱〟といって間違いないのは、この二つのバクテリアでしょう。

かたや、さきほど「圧力」部門でも高圧のチャンピオンとして紹介した大腸菌。かたや、「パラコッカス・デニトリフィカンス」という名の、どこにでもいるありふれた土壌細菌（図2-19）。彼らは、あるものに対して尋常ではない強みを発揮します。

それは「重力」です。

地球の表面にはすべて、1Gの重力（厳密には重力加速度）が働いています。たとえば飛行機（旅客機）の離陸時の加速度が0・2〜0・3Gです。あってはいけないことですが、ビルから飛び降りたときに感じる加速度が1Gともいえます。ふだん私たちは感じていませんが、これに耐えうる能力があるから地球生命として適応できているのです。

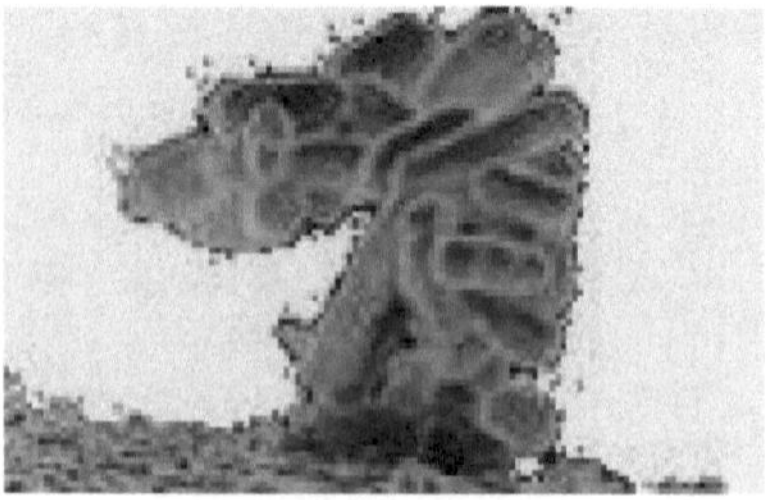

図2-19　大腸菌と並ぶ「重力」部門の王者パラコッカス・デニトリフィカンス

しかし、人間という異常に好奇心が旺盛な生き物は、自分たちがどれだけの重力に耐えられるのかを実験で確かめようとしました。1954年、米国のエドワーズ空軍基地において、戦闘機を急加速・急減速させてその実験をしたところ、航空医学研究者でもあったジョン・スタップ大佐が、46・2Gという重力に耐えてみせました。わずか5秒間に時速1000キロ超まで加速し、急ブレーキをかけたときに、それだけの重力がかかったのです。これが、現在のところ人間が耐えた重力の最高記録です。

ただし、この実験によってスタップ大佐は、一時的に失明状態に陥りました。あと少しで眼球が飛び出してしまうという、ぎりぎりの危険を及ぼす重力だったのです。そのことは、スタップ大佐のこのときの写真からもうかがえます（図２－20）。

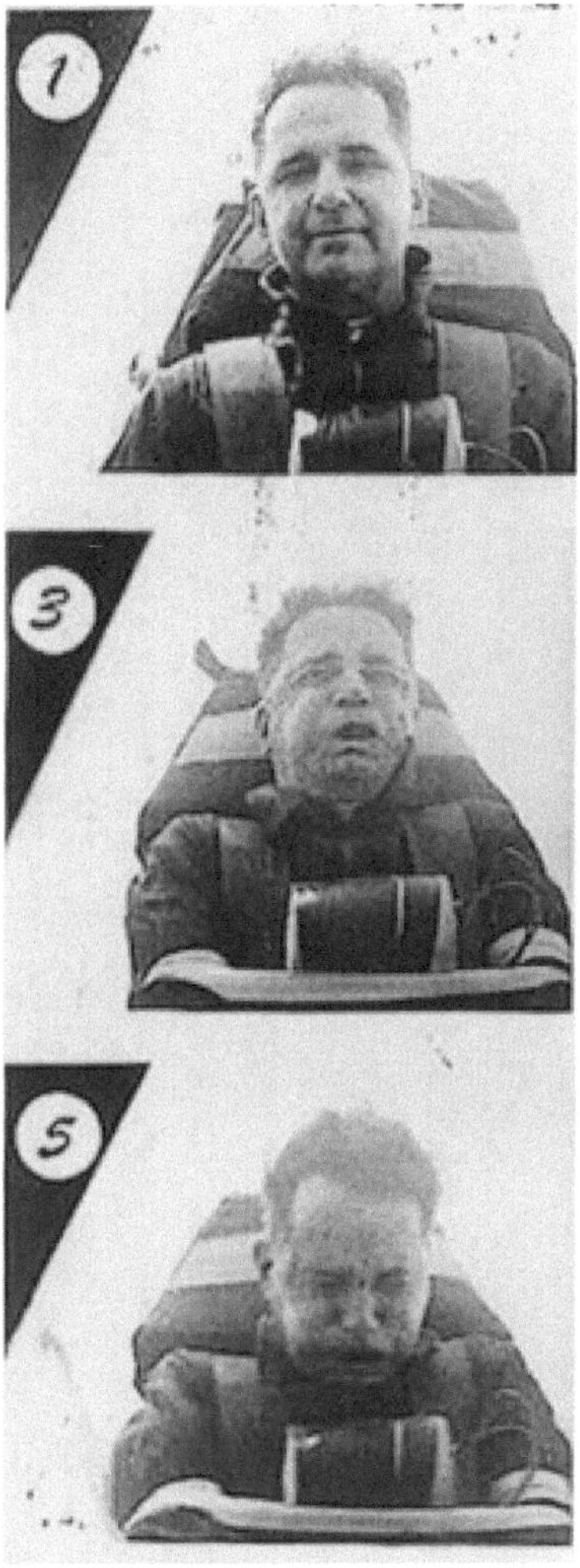

図２－20　46.2Gに耐えたときのスタップ大佐の尋常ならざる様子

もっとも、これは瞬間的だからこそ耐えられる数字です。戦闘機のパイロットは9Gにまでは耐える訓練をしているようですが、継続的にかかる重力としては、このあたりが限界でしょう。スペースシャトルの打ち上げで生じる重力は6G。日本のジェットコースターでは、北九州のスペースワールドにある「ヴィーナスGP」が最高レベルで、約5G。宇宙飛行士の疑似体験ができるアトラクションといえるでしょう。

それでは、「重力」部門のチャンピオン両名の登場です。

2011年、日本の海洋研究開発機構の出口茂博士らは、大腸菌、乳酸菌、酵母菌、パラコッカス・デニトリフィカンス、シュワネラ・アマゾネンシス（アマゾン川の河口から採取された微生物）の5種類の微生物を使って、重力への耐性を比較しました。それぞれを特製の遠心機にかけてぐるぐる回し、強烈なGをかけてみたのです。すると、大腸菌とパラコッカス・デニトリフィカンスは、なんと遠心機の性能の限界に達しても、平気で細胞分裂し、増殖したのです。

そのときの重力とは——驚くなかれ、40万G。

いうまでもなく、自然界にはこんなばかげた重力は存在しません。地球生命として、過剰にもほどがあるでしょと言いたくなるような耐性です。いったい彼らはなぜ、ここまで異常な能力をもつに至ったのか？　その答えはまったくわかっていません。

新たな極限生物の可能性

極限生物の部門別チャンピオンの紹介は、これで終わりにします。私たちの体内にも棲んでいてなじみが深い大腸菌が「圧力」「重力」の二冠を制したのも意外でしたが、彼らの異常な能力におそらくみなさんは何度も度胆を抜かれ、「生命」というものへの見方が少なからず変わったのではないでしょうか。

しかし、これでもまだ私たちは、彼らのすべてを知ったわけではありません。地球上には、まだ私たちの探索が及んでいない極限環境がたくさん残されています。さまざまな極限環境へ行ったといわれる私も、たとえば成層圏はまだ調べていません。そうした未開の領域には、さらに私たちの想像を絶するような生物が棲んでいる可能性があります。

最近、新たな極限生物の存在を示唆するニュースが入ってきました。カリブ海に浮かぶ島国、トリニダード・トバゴ共和国にあるピッチ湖という湖で、微生物の採取に成功した研究者がいるというのです。ピッチ湖は世界最大の「天然のアスファルト湖」として知られています。広さ40ヘクタール、深さ75メートルにもわたってべっとりとしたアスファルトで埋め尽くされていて（図２－21）、ここで採掘されたアスファルトは日本でも利用されています。アスファルトとは、石油の成分のうち重いものが沈殿してできるものですから、ピッチ湖は「油の湖」であるといえ

図2－21　ピッチ湖を満たす天然のアスファルト

ます。
　当然、こんな湖には生物など棲めるはずがないと、誰しも思います。水分がまったくない油だらけの湖、それは地球生命にとっては「死の湖」のはずです。私たちの細胞には水がたくさん含まれていて、そこに塩類やアミノ酸などを溶かし込んでいます。実は水とは、さまざまな物質を溶かすことができる特殊な液体であり、地球生命はそうした水の性質に依存して成立しています。油では水の代替品にはならないのです。たとえば私たち人間が食べたものを唾液中のアミラーゼで分解するのも、水によって起きる反応です。油の中では、この反応は生じません。生物とは基本的に「水っぽい」ものであり、「油っぽい」生物を想像することは難しいのです（ただし想像するのが難しいだけで、存在しないというわけではありません）。

そのような極限環境で、微生物が採取された——本稿執筆時点ではまだ正式に論文として発表されていないので真偽のほどは定かではありませんが、もし事実なら、極限生物の世界がさらに大きく広がることになります。

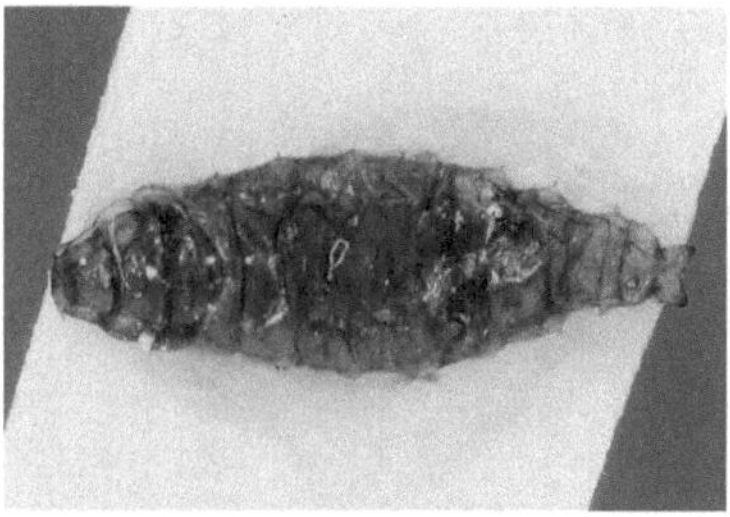
図2－22　セキユバエの幼虫

もっとも、油に耐えられる生物がこれまでまったく見つかっていないわけではありません。唯一といっていいその例外は、「セキユバエ」という昆虫です。見た目は何の変哲もないハエなのですが、その幼虫（図2－22）は、油の中で生活します。油田のような天然の油溜まりの中で、うっかり入って死んでしまったほかの虫を食べて生きているのです。なにしろほかの生物が棲めないのですから、これほど安全な環境もないといえるでしょう。ただし成虫になると、油の中では生きられなくなるのがおかしなところでもあります（名前はそのままセキユバエですが）。

しかし、セキユバエの幼虫が油に耐えるしくみはまだわかっていません。油の中で起きる反応だけを集めて、はたして生命が成立するものなのかどうか、現時点ではまったく不明です。ピッチ湖での微生物発見が確かであれば、その解明に大きな期待がもてます。

「油の星」に生命は存在するか

もしも油だらけの環境でも生物が存在できるとしたら、生命をめぐる議論のスケールはさらに広がります。「地球外生命」の可能性です。

宇宙は「究極の極限環境」ともいえますが、一般的には、ある天体に生命が存在するためには「水が液体の状態で存在できること」が条件の一つとされています。

しかし、もし油の中でも生命が存在できるなら、必ずしもその条件は必要ありません。そして、私たちの太陽系の中にも、液体の水はないかわり、油っぽい液体はある天体が存在します。土星の衛星のうち、いちばん大きな「タイタン」です。

タイタンは太陽から遠く離れているため、地表の温度がマイナス１７９℃と低く、水はすべて凍った状態にあります。ただし、これも生命の存在に必要な「大気」はあります。タイタンは太陽系で２番目に大きな衛星であり、その強い重力で大気を引き留めることができるからです。地球が１気圧であるのに対して１・６気圧ですから、地球よりも濃い大気を持っています。

２００５年１月14日、タイタンの表面に、小型探査機「ホイヘンス・プローブ」が着陸しました。NASAとESA（欧州宇宙機関）が1997年に打ち上げた土星探査機「カッシーニ」に搭載されたものです。ホイヘンス・プローブは濃い大気の中を、パラシュートを広げて降下しながらタイタン表面の写真を撮影しました。

そこに写っていたのは、まるで地球と同じような「山」や「谷」でした（図2－23）。そして明らかに、何か液体が流れたような筋が、大地に刻まれていました。さらに、地表に到達したホイヘンス・プローブはそこで、角が取れて丸くなった石ころのようなものがたくさん転がっているのを撮影しました（図2－24）。これは石ではなく、氷です。何か液体の流れによって転がった氷が、河原の石ころのように丸くなったと考えられます。また、ホイヘンス・プローブとは別に、前に、上空からタイタンの北極域や南極域の地表を観測したカッシーニは、そこに「湖」のようなものも見つけています（図2－25）。

では、タイタンの「川」や「湖」をつくっている液体とは何なのでしょうか。

おそらく、それは液体のメタンやエタンなどであろうと考えられています。これらの物質は地球ではガスとして存在しますが、マイナス179℃の低温では液体になります。それらは、ほぼ石油のようなものだと思っていいでしょう。つまりタイタンは「油の星」であり、「油の川」や「油の湖」が存在しているらしいのです。ということは——。

もちろん、生命誕生とはそう簡単に起こりうる現象ではありません。しかし、ピッチ湖での発

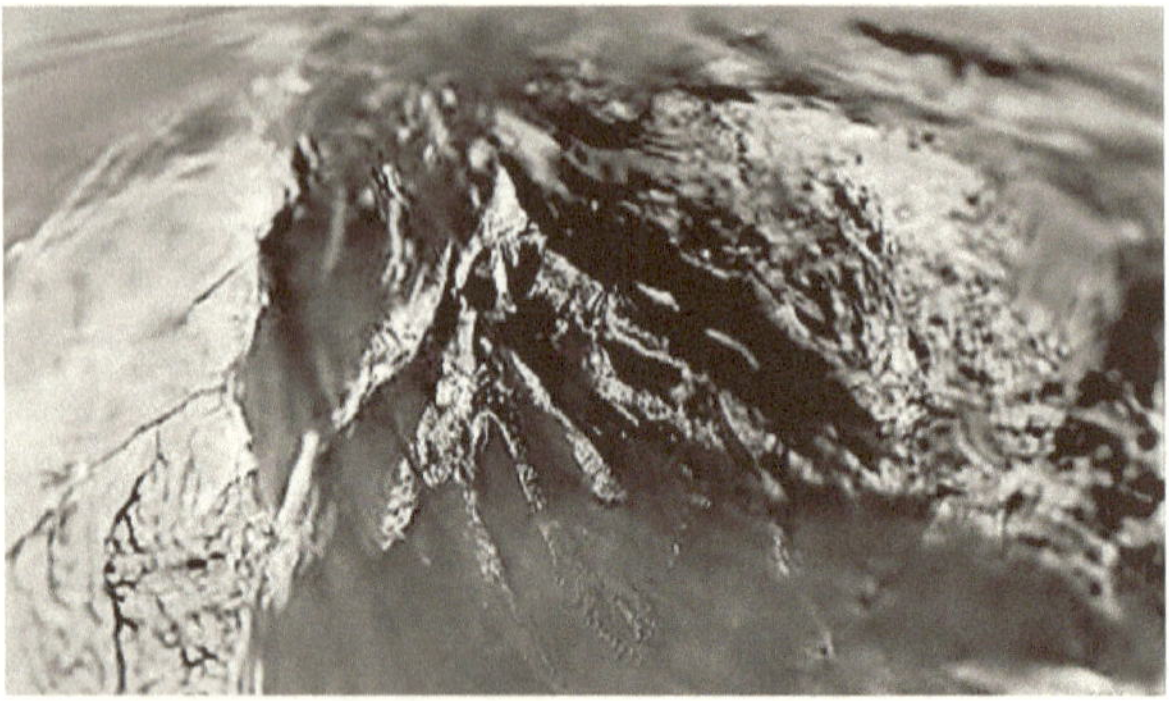

図2－23　タイタンの「山」や「谷」©NASA/JPL

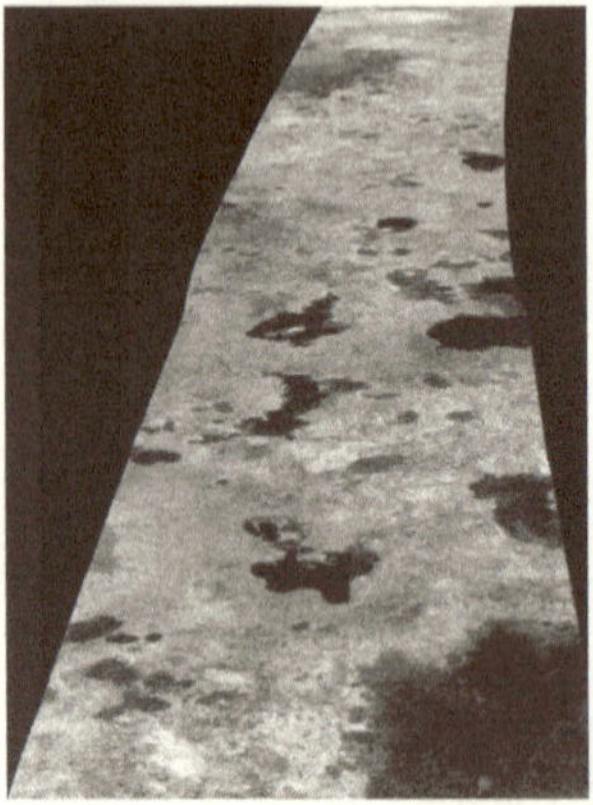

図2－25　カッシーニが撮影したタイタンの「湖」©NASA/JPL

図2－24　タイタンの地表に散在している角がとれた氷　©NASA/JPL

見が事実ならば、その可能性が高まってくることもたしかなのです。

あとひとつ、油と生命の関係で、私が面白いと思っていることを簡単に述べておきます。

ある有機体が「生命」であることの条件として、「細胞膜があること」がよく挙げられます。たしかに「自分」と「他者」との仕切りは、生命には必須でしょう。地球生命のように水中で生まれた生命は「自分という水」と「他者である水」を仕切るのですから、細胞膜は「油」でつくらなくてはなりません。ところが、実はこれがなかなか厄介な仕事なのです。その点、もしタイタンにあるような「油の海」で生命が誕生すれば、水と油は自然に分離するので、仕切りをつくる必要がありません。つまり細胞膜をつくらなくてもすむわけで、これは生命が誕生するためには小さくないアドバンテージではないかと私は考えています。もしかしたら宇宙のどこかには、油の海の中で固まった滴(しずく)のような「水滴生命」が存在しているのかもしれません。もっとも、タイタンの地表のような極低温で液体でいられる「水滴」はないでしょうけど。

地球外生命については、最終章でもう少し話をしようと思います。

「地球史」を南極で掘り返す

この章の最後に、未知の極限生物が発見されるもう一つの可能性についての話をします。

さきほど、2億5000万年前の岩塩から発見された「ガマン系」の王者バチルスを紹介しました。しかし、こんなタイムカプセルのような奇跡的なサンプルは、そう採れるものではありません。大昔に閉じ込められた生物の復活というと、映画『ジュラシックパーク』で琥珀に閉じ込められた蚊が吸った、恐竜の血液中のＤＮＡを復元する話を思い出す人も多いでしょうが、小説や映画ならともかく、現在の技術では、それは不可能です。

ところが、奇跡に頼らず、ＳＦの世界でもなく、大昔の生物を生きたまま見るという夢がいま、現実のものとなりつつあるのです。

生物を長い間閉じ込めているのは、岩塩や琥珀だけではありません。永久凍土や氷床などには、氷漬けになっている微生物がいると考えられます。たとえばシベリアの永久凍土には、おそらく６００万年ぐらい前の微生物が閉じ込められているでしょう。南極の氷床はそこまで古くはありませんが、長年にわたって降り積もった雪が地層のようになっているので、研究対象として非常に価値があります。それぞれの年代の微生物を回収することができれば、連続的な進化の様子を調べることができるからです。

雪の「地層」のもっとも下の層は、およそ80万年前のものと推定されていましたが、２０１３年に１５０万年前という古い氷も報告されました。南極大陸の面積は約１４００万平方キロメートル。日本列島の37倍ほどもある広大な範囲に、過去80万年間ないし１５０万年間に降った雪が分厚い氷となって積み重なっているのです。その厚さは平均で約２０００メートルですから、氷

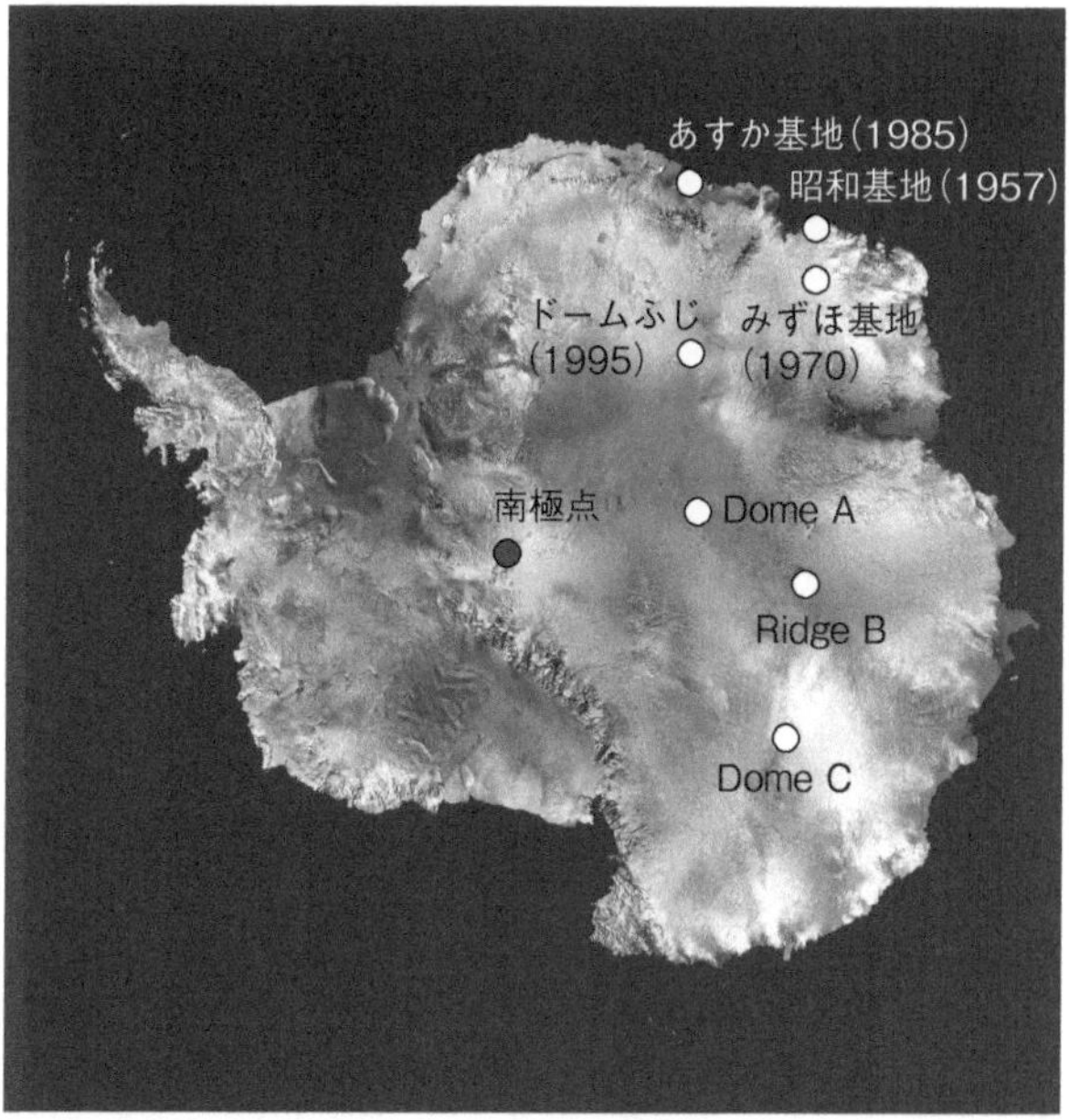
あすか基地(1985)
昭和基地(1957)
ドームふじ
(1995)
みずほ基地
(1970)
南極点
Dome A
Ridge B
Dome C

図2－26　南極大陸のドーム。日本が管轄するのは「ドームふじ」

の体積は約2800万立方キロメートルにもなります。ありえないことですが、もしもそれがすべて融(と)けたら、地球のすべての海の高さが75メートルほども上昇する大量の氷です。それはまさに、過去80万～150万年におよぶ気候変動史が氷漬けにされた「宝の山」といえるでしょう。そして現在、世界各国が協力して、この氷をいちばん下の層まで掘り抜く計画が進められているのです。

氷の厚さは均一ではなく、海岸線から大陸の中央部へ向かうほど盛り上がっています。盛り上がりにはいくつかのピークがあり、

図2－27 「ドームふじ」での氷床掘削　提供：国立極地研究所

「ドーム」と呼ばれています。ドームにはAからFまでがあっていくつかの国が管轄し、日本が受け持つのは標高3810メートルのドームFです。たまたま「富士山」の頭文字と同じなので「ドームふじ」と名づけられています（前ページの図2－26）。これは余談ですが、もしも将来、南極条約が失効して各国が管轄地域の領土権を得た場合（もっとも日本は領土権を主張しないと宣言してしまっていますが）、日本の領土に「富士山より高い場所」が出現することになります。「日本一高い山」は富士山のままですが、「日本一高い場所」は南極大陸にあるということになるわけです。
「ドームふじ」では、3810メートルの地点から穴を掘りはじめ、円柱状の氷のサンプルを採取しました（図2－27）。3000メートルを超える氷を掘り進めるのは容易ではありません。一度に回収できる円柱の長さは、わずか4メートル。穴が浅いうちはよいのですが、深くなってくるとドリルを1000メートルまで下げては氷柱を引き上げるという作業の繰り返しとなり、作業時間の大半がドリルと氷柱の上げ下ろしに費やされます。しかし、どれだけ困難を伴おうとも、きわめて大きな意義のある仕事です。

とりわけ重要視されているのは、氷に含まれている「空気」です。いちばん深いところの氷なら、いまから80万年前ないし150万年前の地球の大気がその中に圧縮されています。これを分析すると、その時代の気温や二酸化炭素濃度などがわかります。つまり、大まかにいえば100万年スケールでの地球の気候変動が再現できるわけです。すでにここまでの成果の分析から、現在の地球温暖化が自然な気候変動ではなく、人間の排出した二酸化炭素によるものであることもわかりました。

しかし、生物の研究者である私にとっての最大の関心事は当然ながら、空気ではなく、氷に閉じ込められた微生物です。

氷の下の「ウォーターワールド」

南極ではロシアも、「ボストーク基地」の氷床下にある「ボストーク湖」をめざして氷床を掘削しました。このとき、深度約２０００メートルの地点で採取した約20万年前の氷のサンプルから微生物が蘇生して、私も調べたことがあります。

ロシア科学アカデミー微生物学研究所のサビット・アビゾフ博士たちと一緒にこの微生物の遺伝子を分析したところ、よく風に乗って運ばれる酵母菌の仲間や、耐久性のある胞子をつくるバチルスの仲間であることがわかりました。

このボストーク湖は生物学上、きわめて重要な意味をもつ湖です。なんと厚さ３７６９メートルの氷の下で、液体の水をたたえているのです。湖の上が氷に覆われてから、１５００万年もの歳月が経っています。その間、外界からまったく遮断されていたわけですから、そこにいる生物は地上のほかの場所とは違う、独自の進化を遂げたに違いありません。かつてチャールズ・ダーウィンが進化論のヒントを得たガラパゴス諸島のようなものです。しかも、面積は琵琶湖の約20倍、深さは約６００メートルという広大さです。

ロシアがボストーク湖を掘削するにあたっては、掘削液などの人為的な異物がふれることで湖の環境を変えてしまうのではないかと懸念する声が各国からあがりました。ロシアはそのことに

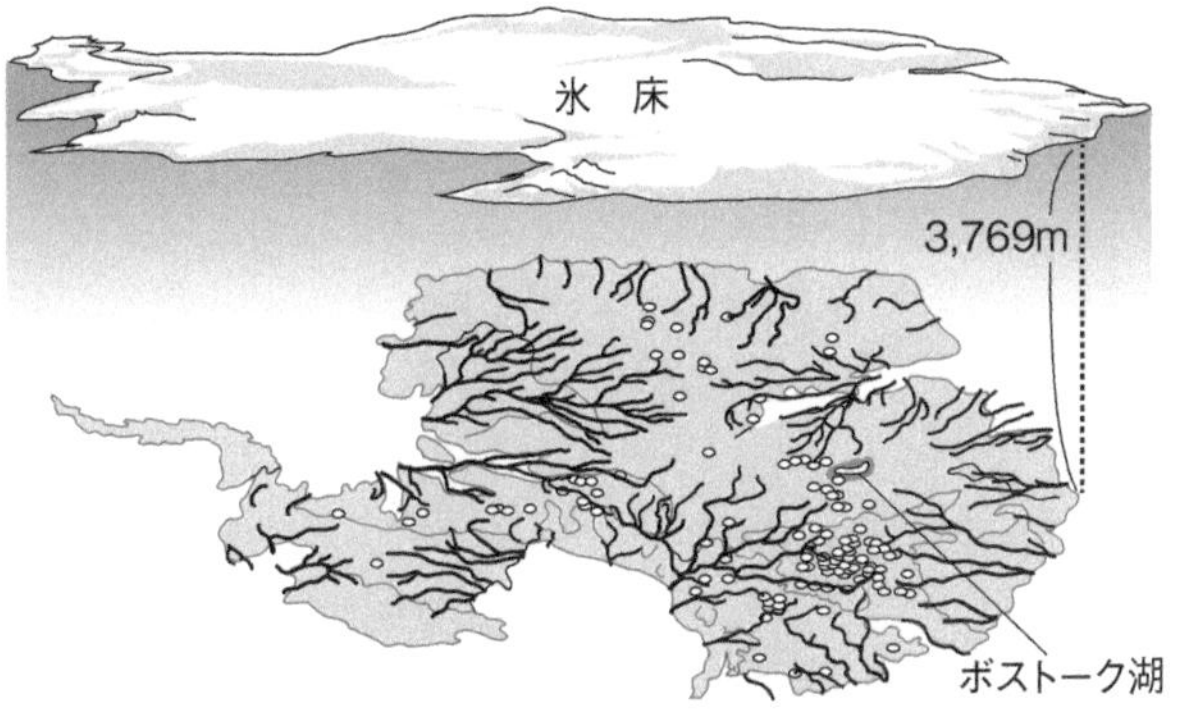
氷　床
3,769m
ボストーク湖
○湖
川

図2－28　ボストーク湖とウォーターワールド

留意しながら作業を推し進め、ついに2012年2月、湖面に到達し、氷床下の水が回収されました。はたしてそこからは、これまでに誰も見たことのない遺伝子をもつ微生物がたくさん見つかりました。つまり、1500万年前の生物に、生きたまま出会えたのです。その詳細な分析結果は、これから少しずつ発表されていくことになります。

そして南極の氷床の下には、ボストーク湖よりは小さいものの、同じように液体の水をもつ湖が400ほどもあることがわかっています。その一つひとつがガラパゴスのようなものですから、未知の微生物がどれだけ存在するのか、見当もつきません。まさに「ウォーターワールド」ともいうべき巨大なフロンティアが、南極の氷の下に広がっているのです（図2－28）。

すでにアメリカとイギリスは、これらの湖をめざして氷床の掘削作業を開始しています。今後、新しい発見が相次ぐことは間違いなく、従来の常識ではとらえられない「極限生物」が見つかる可能性もおおいにあります。新時代を迎えた南極は、「生命とは何か」を考えるうえできわめて重要な「極寒のホットスポット」なのです。

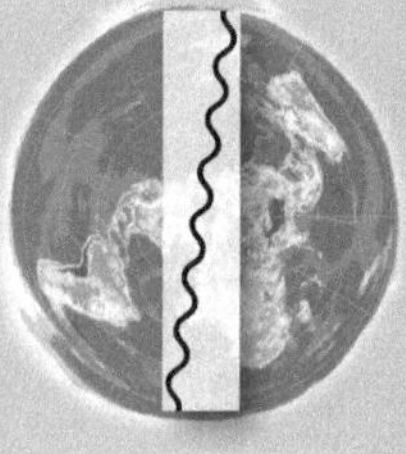

第3章

進化とは何か

「わけがわからない」極限生物の進化

ここまで、信じられないような極限環境に耐える地球生命の例をいくつも紹介してきました。ご覧になって、みなさんはどのような感想をもたれたでしょうか。

おそらく、みなさんがふだん「生命」と考えているものとのギャップの大きさに、少なからず驚かれたのではないかと思います。何も食べず、光合成もせずに地中深くでメタンを生産しつつ自分の体をつくる超好熱菌、あらゆる濃度の塩分や低温、高温にも耐え、世界中にはびこるハロモナス、2億5000万年も岩塩の中で生きつづけたバチルス、そしてムダとしか思えない耐放射線能、耐高圧能や耐重力能をもつデイノコッカス・ラジオデュランスや大腸菌……。

彼らを見ていると、「生命」というものについて、いくつもの「How?」とともに、さらにたくさんの「Why?」が頭に浮かんできます。極限生物が私たちに示しているのは、「生命」というものの「わけのわからなさ」ではないでしょうか。

こんな小さな体で、なぜそんなにしぶといのか？　なぜそんなに巧妙にできているのか？

なぜそんな能力を身につけたのか？　そもそも、なぜこんなものが地球に誕生したのか？

これらの「なぜ？」に対する答えを一意的に導きだせる、方程式のようなものはありません。「生命」とはシュレーディンガー的な、抽象的な思考だけではとらえようがないものであるということが、みなさんにもわかっていただけたのではないでしょうか。生命現象とはやはり、具体的な「環境」と切っても切れない関係にあります。普遍的な法則や言葉で生命を語ることは難しいのです。

なかでも「進化」というものの「わけのわからなさ」を、極限生物たちを見ていると強く感じます。

なぜこんな極端な進化をする必要があったのか？

そもそも、生命はなぜ進化しているのか？

みなさんもそんな疑問をもたれたのではないでしょうか。

しかし生命現象における「進化」はもともと、古くから多くの人々を悩ませてきた不思議な現象でした。「キリンの首はなぜ長いのか？」という疑問を、誰しも一度は抱いたことがあるでしょう。実は極限生物たちのわけのわからない進化ぶりは、「進化とは何か」という問いにどう答えるか、その指針を示してくれるものなのです。

この章では、そのことについて話をしながら、「進化」という側面から「生命とは何か」を考えていきます。

「進化」は生命であることの条件

最近では「進化」という現象は、生命が生命であるための重要な条件の一つと見なされるようになっています。

もちろん「生命とは何か」を定義するのは容易ではありませんが、「これがなければ生命らしくない」といえる特徴はいくつかあります。少し前まで、それは「代謝」「増殖」「細胞膜」の三つであるといわれていました。

代謝は、外部から新しいものを取り入れ、古いものを捨てることです。これには「エネルギー代謝」と「物質代謝」の二つがあります。前者は活動するためのエネルギーを生産することで、具体的には「生体のエネルギー通貨」と称されるATP（アデノシン三リン酸）を生産することです。体のどの部位でも、たとえば脳でも手足でもATPを使いますし、大腸菌から人間まで、どんな生き物でもATPを使っています。そしてATPは貯めることもできるので、生体のエネルギー通貨と称されているのです。世界中どこでも使える「基軸通貨」たるドルのようなものです（ただしドルの基軸通貨としての地位は揺らいできていますが）。後者の「物質代謝」のほうは新陳代謝のことで、体をつくったり、あるいは、古くなったところを捨てたりすることです。これらをしないものは、私たちにとって生命のようには感じられません。

増殖と細胞膜については、もう細かい説明は不要でしょう。細胞分裂や有性生殖によって個体がふえるのは石ころや鉄の塊とは違う生命の大きな特徴です。また、細胞膜に包まれていない、つまり「中身」が広がった状態の生命体などは、ちょっと想像できません。

代謝、増殖、細胞膜の3点セットが揃うと、私たちはそれを「生命らしく」感じるのです。

しかし、最近はその三つに加え、「進化」も生命の重要な特徴と見なされるようになりました。それは、次のような理由からです。

いま存在している地球生物は、たとえ大腸菌であっても、かなり複雑で精巧な体のつくりやはたらきをもっています。しかし、それらは決して、いきなり現れたわけではありません。生物というものは、「はじめは単純なものから複雑なものが生じた」、つまり単純な生物から複雑な生物へと進化すると考えるべきなのです。さもないと「生物は生物からしか発生しない」という、いわゆる「パスツール的」な考え方に支配されてしまいます。もし、複雑な生物は複雑な生物からしか発生しないとしたら、それこそ神様（＝創造主）による創造、いわゆるインテリジェント・デザイン仮説を想定しなくてはならなくなります。これは現代生物学では受け容れられない考え方です。

もっとも、２０１３年10月に大阪大学の四方哲也教授の研究グループが進化する機能をもつ人工細胞の作製に成功したことで、進化すれば必ず生命体であるとはいえなくなってきています。

ただ、その逆というか裏を返すと、「生命体なら必ず進化する」という命題は正しいのです。

いずれにしても、進化が生命と非生命とを分かつ重要な特徴であることは間違いありません。

そして進化と聞いて誰もが思い出す人物といえば、この人でしょう。

現代の進化論＝ネオ・ダーウィニズムの考え方

チャールズ・ダーウィン（図３－１）が１８５９年に出版した著書『種の起源』で主張したことは、生物は「突然変異」と「自然淘汰」によって進化を遂げてきた――という考え方でした。

ごく簡単にいえば、まず何らかの理由で親とは形質の異なる子が生まれ（突然変異）、それが自然環境に適応して生き残る（自然淘汰）。これが何代も積み重なることによって、やがて新しい「種」として独立するというシナリオです。

現代の進化論も、基本的な考え方はダーウィンの主張と変わりはありません。ただし、20世紀になって「突然変異が起こるものは何か」という点については大きな変化がありました。

突然変異が起こるものの物質的な正体が解明されるき

図３－１　チャールズ・ダーウィン（1809～1882）

っかけになったのは、1953年にワトソンとクリックが発見したDNAの「二重らせん構造」（47ページの図2−8）でした。この発見により、DNAが遺伝子の本体であると考えられるようになり、親と子が似るのは、DNAベースの遺伝子がコピーされて受け継がれるからであることがわかりました。

そして、そのDNAベースの遺伝子が突然変異を起こしたとき、子は親と異なる形質をもつと考えられるようになったのです。髪の毛や目の色が変わるのも、キリンの首が長くなったのも、DNAベースの遺伝子の突然変異によるものであるという考え方です。

このようにDNAを基盤にして進化を考えることを、「ネオ・ダーウィニズム」「新ダーウィン主義」などと呼んでいます。現代の進化論とは、この考え方にほかなりません。あるいは、ダーウィンの考え方に遺伝子の要素を加えたという意味で「総合説」と呼ばれることもあります。

なぜペンギンは凍死しないのか

ダーウィンの進化論がキリスト教社会ではいまだに「神を否定するもの」として批判されていることはみなさんもご存じでしょうが、実際に生物たちの自然への適応ぶりを見ていると、神の仕業（しわざ）としか思えない絶妙さに唸らされることばかりです。

たとえば、ペンギンはなぜ冷たい氷の上に「裸足」で立っていられるのか、みなさんはご存じでしょうか。もし人間が同じように裸足で長時間立っていたら、「しもやけ」になるどころではすみません。凍傷を負って指を失い、最悪の場合は低体温症で凍死してしまうでしょう。

極寒の環境におかれた人間が低体温症で凍死するのは、外気の影響で冷たくなった血液が体の中心部に戻ってきて、体温が下がるからです。36℃の体温が2℃下がって、34℃になっただけでも私たちはもう生きていられないのです。

ペンギンが氷の上で裸足のまま生活していても凍死しないのは、ペンギンの脚の構造と関係があります。みなさんはペンギンが氷の上を歩く映像を見て「歩くのが下手だな」と思ったことがあるでしょう。水中はスイスイと泳げるのに、氷に上がったとたん、短い脚でヨチヨチと、危なっかしい歩き方になってしまいます。転んだときは顔面からそのまま氷に倒れ込むので、思わず吹き出してしまうこともあります。これは、脚の構造が歩行には不向きだからです。

外から見ているだけではわからないのですが、実はペンギンの脚は短くありません。短いどころか膝下、つまり脛（すね）が長いのです。ちょうどお腹のあたりに膝の関節があり、そこで長い脚を折り曲げているので（図3－2）、人間でいえば椅子に腰掛けるような姿勢で歩いている、いわば運動部の筋トレでよくやる〝空気椅子〟のような状態です。だから、もし人間なら立っているだけでも大変で、転びやすいのも当然でしょう。

人間の祖先が直立二足歩行を始めたのは600万年前だと考えられていますが、ペンギンは4

０００万年前から二足歩行をしているそうです。人間よりはるかに大先輩なのに、歩き方があまり上手になっていないのは不思議といえば不思議です。

ところが、ペンギンの折り曲げられた長い脚は、極寒という環境に耐えるには好都合でした。ペンギンが裸足で歩いても低体温症にならないのは、冷えた血液が足の裏から体の中心部に戻る前に、脛のところで温められるからです。そこでは、体の中心部から温かい血液が流れる動脈

図３－２　ペンギンの骨格（上）。ペンギンは長い脚を腹のところで折り曲げている（下）

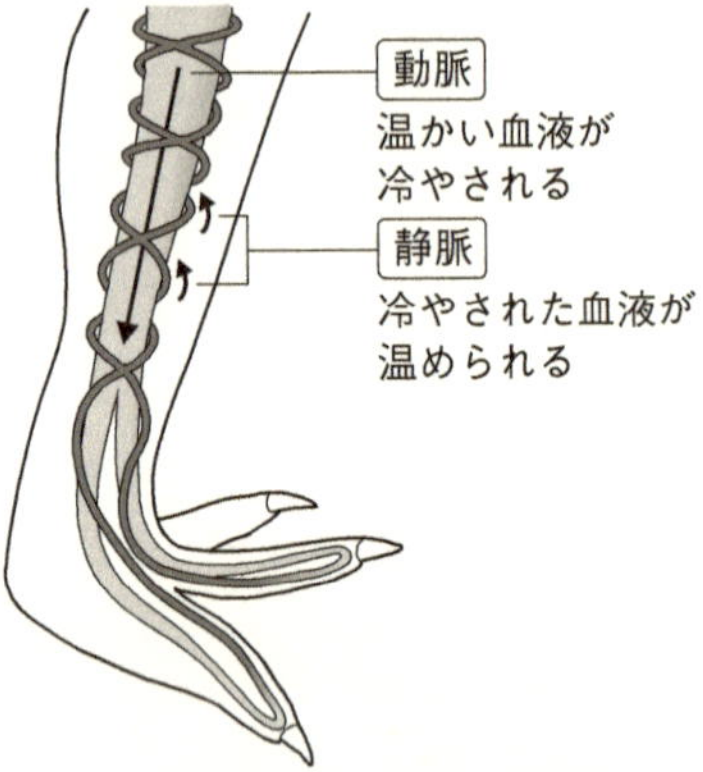
動脈
温かい血液が
冷やされる
静脈
冷やされた血液が
温められる

図3－3　ペンギンの脛にある奇網。冷やされた静脈血を温め、温められた動脈血を冷やす対向流熱交換がここでおこなわれる

に、冷たい血液を中心部に戻す静脈が網のようにからみついています。これを「奇網（きもう）」といいます（図3－3）。このしくみのおかげで「対向流熱交換」という現象が起き、冷えた血液が温まるのです。

このとき当然、動脈を流れる血液のほうは温度が下がってしまいますが、実はこれにもメリットがあります。血液が温かいまま足先まで届けられると、外部との温度差が大きいので熱が早く逃げてしまいます。温度差が小さいほど熱は逃げにくいので、動脈血の温度をある程度まで下げてから足先に届けたほうが、体温を雪や氷に奪われずにすむわけです。この点でも、ペンギンの奇網は実にうまくできているのです。

しかも、対向流熱交換は距離が長ければ長いほどうまくいきます。もしペンギンの脚が短かったら、血液を十分に温めることができないでしょう。そういう意味で、ペンギンの膝から下が長くなっているのは、まことに都合がいいのです。歩くのに不自由なことぐらいは、我慢しなければいけないのかもしれません。

ペンギンの、この耐寒システムをみて、みなさんは何を感じるでしょうか。あまりにも絶妙すぎる、まるで神がつくったようだ——と「創造主」の存在を信じたくなるような気がしてくるのも、無理はないと思います。進化は突然変異をきっかけにして起こるとはいうけれど、本当に突然変異だけでここまで生物に都合のよいしくみができあがるものでしょうか?

しかし、奇網はペンギン（鳥類）だけでなく、サメ（魚類）やイルカ（哺乳類）にもみられるしくみなので、私たちがそれほど驚くことではないのかもしれません。

突然変異には「良い」も「悪い」もない

ここで、ネオ・ダーウィニズムと呼ばれる新しい進化論、すなわち突然変異は遺伝子のレベルで起きるという考え方を理解するうえで、大切なことがあります。

それは、遺伝子の突然変異には「方向性がない」ということです。

突然変異とは、何かあらかじめ「目的」があって、それをめざして起こるわけではなく、完全にランダムに起こるのです。だから、その種や個体にとって、たまたま生き延びやすい方向、つまり「良い方向」の変異が起こることもあれば、生き延びにくい「悪い方向」の変異が起こることもあります。「良い突然変異」だけを起こすことはできないのです。

前章で紹介した、極限生物たちのでたらめにも思える進化ぶりを思い出してください。デイノコッカス・ラジオデュランスがあの不必要としか思えない放射線への耐久力を身につけたのは、進化の結果と思われるという話をしました。未来永劫、たとえ人類が終末的な核戦争を起こしたとしても、その能力は過剰にすぎます。デイノコッカス・ラジオデュランスは何の目的もなく、たまたま何かの拍子にこのような方向に進化したのであり、そのため放射線以外の環境ストレスにも耐えられるようになっただけなのです。

ペンギンの奇網も、本質的にはこれと変わりません。構造が複雑になっているのでその精妙さに目を奪われがちですが、遺伝子の突然変異によってたまたまできたしくみが、たまたま極寒で生き延びるのに好都合だっただけなのです。

ペンギンの進化を「たまたま」といわれても納得しがたいという人も、よぶんなものを取り去った「エッジ」である極限生物をみれば、そのことをご理解いただけるのではないでしょうか。

突然変異から進化へのカギを握る「環境圧」

このようなランダムな突然変異を「良い」と「悪い」に選別するもの、つまり生物が生き残る方向と、生き残らない方向とに仕分けするものが、「環境」です。

気候が寒冷なら、たまたま寒さに強い変異を起こした個体が生き残りやすく、たまたま暑さに耐えられるような変異を起こした個体は生き残りにくくなります。このような選別が「自然淘汰」もしくは「自然選択」と呼ばれているものです。「自然淘汰」には環境に適応できなかった者が消えるイメージ、「自然選択」には適応できた者が生き残るイメージがありますが、どちらも英語の「natural selection」を訳した言葉なので、意味としては同じことです。

自然淘汰という考え方について説明するときに、私が好んで使っているのが、「環境圧」という言葉です。突然変異を起こした個体は、周囲から受ける環境圧によって、生き残りもすれば、消えもする。つまり生物の進化は、遺伝子のランダムな「突然変異」と、自然からの「環境圧」による方向づけで起こる、というのが大方の考える進化観だと思います。

「環境圧」の要素としてすぐに思いつくのは気候の変動、外敵の有無、食糧の増減などですが、それだけではなく、同種の仲間による「性選択」という要素もあります。

たとえば有性生殖をする動物の場合、ある個体が突然変異によって気候そのほかの「自然の環境圧」に耐えられる遺伝子を獲得しても、異性のパートナーに選ばれなければ、遺伝子を残すことはできません。子孫を残さなければ、進化にはつながらないのです。そのような突然変異は、いわば「そのときかぎりの一発屋」で終わってしまうことになります。

なかには「性選択」はクリアできているのに、遺伝子を残せないというケースもあります。オスとメスが「相思相愛」になっていざ子づくりを始めようとしたところへ、突如ほかのオスが現れてメスをかっさらっていくといった場合です（メスがオスを奪う場合もあります）。人間なら犯罪行為だと訴えたくなりますが、自然界、とくに鳥類の世界では、異性に選ばれやすい遺伝子の持ち主より、「横取り」のうまい遺伝子の持ち主のほうが子孫を残しやすい、ということは珍しくありません。生物を進化させる環境圧のあり方は、なかなか複雑なのです。

キリンの首はなぜ長くなったのか

ではもう一度、話を整理する意味で、進化のしくみをわかりやすい例で示します。ここでは、進化といえば必ず引き合いに出されるキリンに登場してもらうことにしましょう。

子供に向けた説明にはいまだに、「キリンは高い木の葉を食べるために首が長くなった」というものを見かけることがありますが、これは正しくありません。これまで述べてきたとおり、遺伝子の突然変異はランダムに起こります。何かの目的をもって遺伝子を変異させているわけではないのです。

また、キリンが高い木の葉を食べようと「背伸び」しているうちに首を長く伸ばすことに成功し、その子供も首が少し長くなって生まれ、そのキリンも首を伸ばす努力をしてまた首が伸びて、さらに首が長くなった子供が生まれ……と代々、少しずつ首が伸びて、いまのように長くな

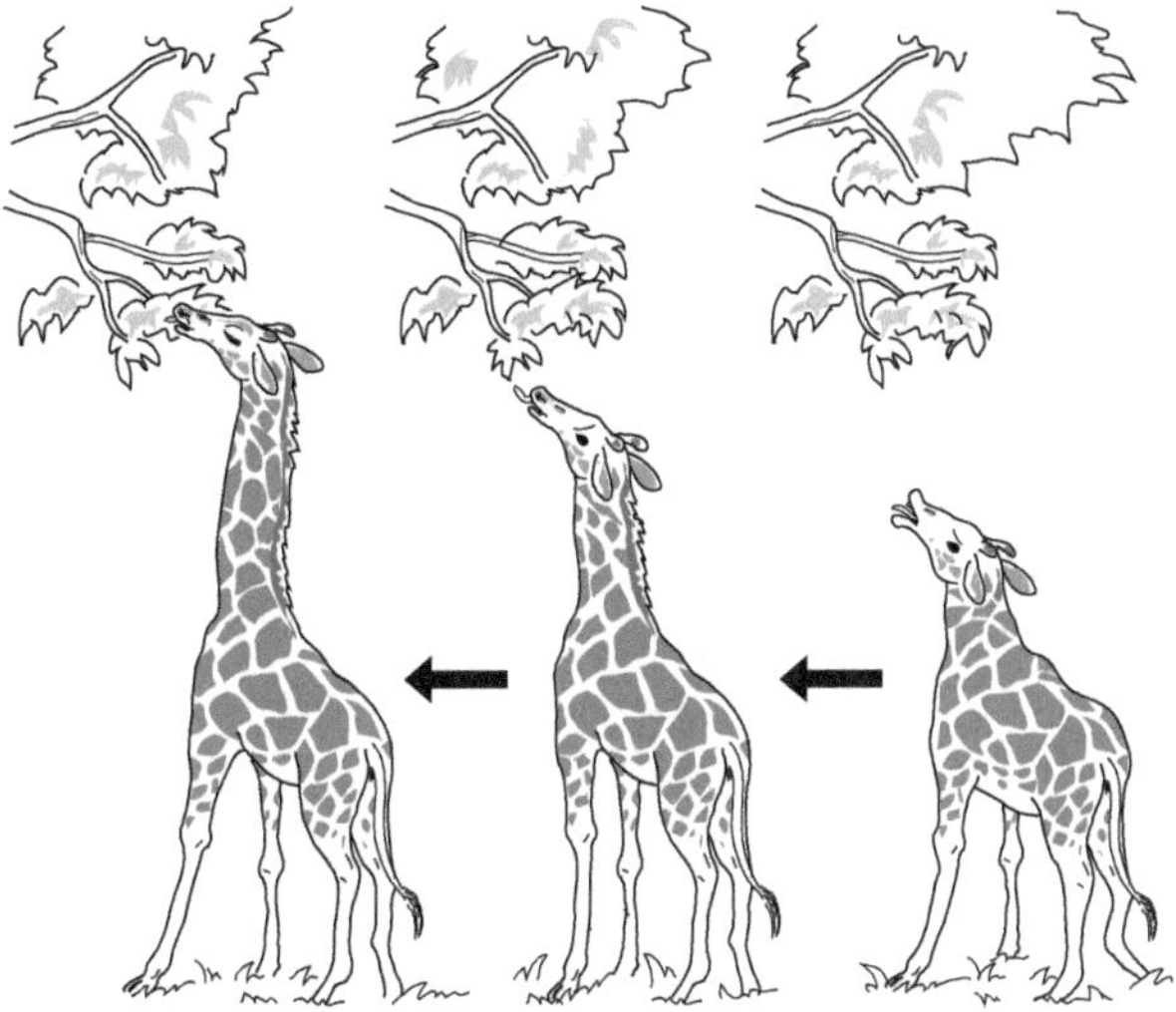

図3－4　よくある目的論的な説明は誤り。キリンの首はこのように代々「背伸び」をするうちに長くなったのではない

ったとする考え方もあります。これはラマルクという生物学者が唱えた「親の獲得形質は子に遺伝する」という主張で、「用不用説」としてもよく知られています。しかし現在では、個体が生まれたあとで獲得した形質は子孫に遺伝しないことがわかっています。たとえある個体が努力して首を長くしたところで、それによって遺伝子の情報が変わるわけではないので、その個体の子の首なんて長くなりはしないのです（図3－4）。

では、キリンの首はなぜ長くなったのでしょうか。

進化論の考え方では、それは「長い首をもつ個体」が突然変異で生まれた

図3－5　キリンの頸椎骨。七つの骨のサイズが大きくなっている

からです。しかし、具体的にはそれは、首の骨の数がふえたのではありません。キリンの頸椎骨の数は、人間と同じ7個です。キリンの先祖もそうでした。それなのに首が長くなったのは、一つひとつの頸椎骨のサイズを大きくするような突然変異が起きたからです（図3－5）。骨の長さを決める遺伝子は一つか二つ、さほど多くはありません。そのわずかな遺伝子が突然変異を起こすだけで、首全体が長くなるわけです。そして変異を起こした遺伝子が子孫に伝わることで、首の長いキリンの系統ができたのです。

ここまではご存じの方も多いかもしれませんが、肝心なのはここからです。

急に長い首をもってしまったキリンの先祖は、おそらく、かなり苦労したはずです。ほかの仲

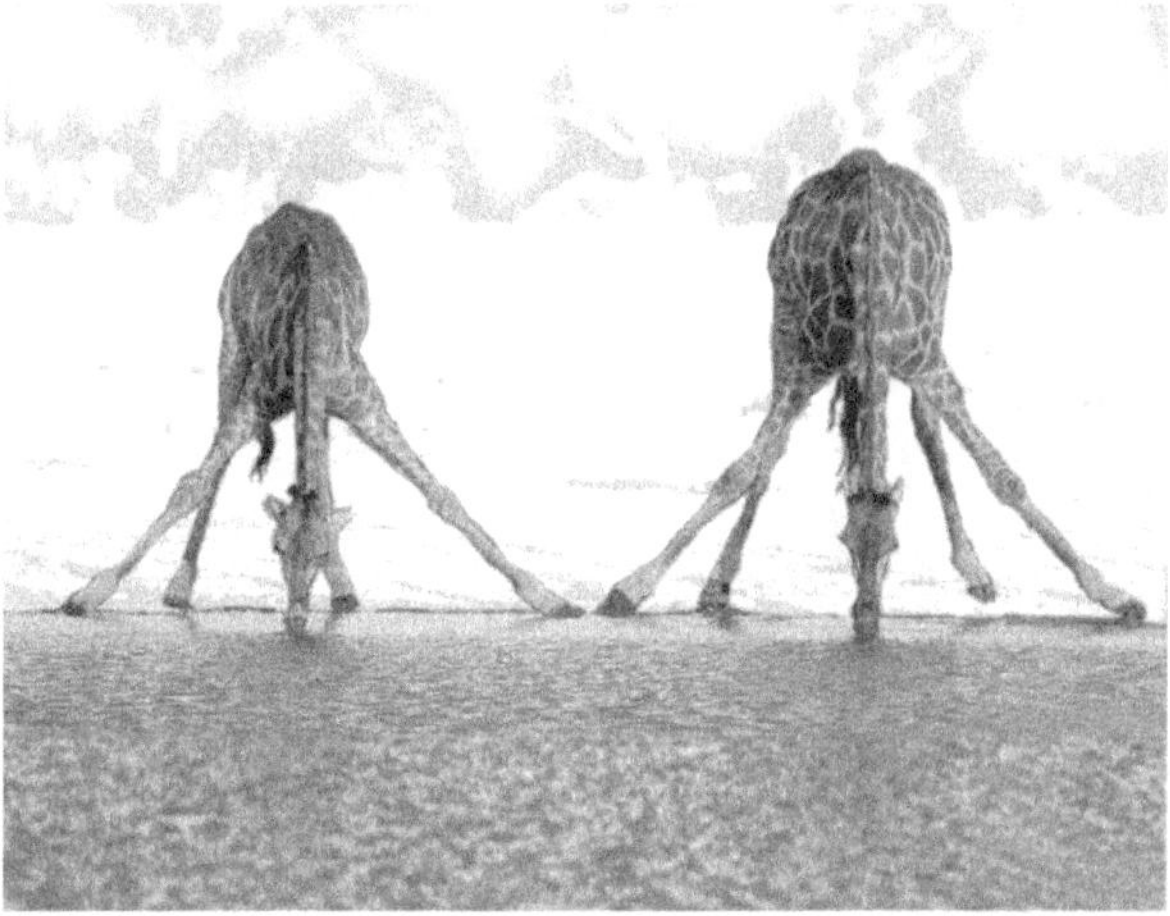

図3－6　苦しそうな姿勢で水を飲むキリン

間たちのように低いところにある草を食べることが、自分だけは急に、不自由になってしまったのですから。おそらく、脚を広げて無理な姿勢で食べていたのでしょう。現在のキリンも、水たまりの水を飲む姿はかなり苦しそうです（図3－6）（実際のところは首が長すぎるのとともに脚が長すぎるのも、水が飲みにくい理由かもしれませんが）。

生き延びるという意味では、キリンの先祖はかなり不利な状況に立たされたのではないかと想像できます。少なくとも、生きやすくなるという目的をもって進化したとはとても思えません。

このままではまずい。みんなと同じことをしていたのでは生存競争に勝てない。生き残るためには、発想の転換が必要でした。キリンに

「発想」があるかどうかはわかりませんが、ともかく仲間とは違うことを試みるうちにたどりついた選択が、長い首という特徴を活かして、高い木の葉を食べるというライフスタイルだったのではないでしょうか。

環境に合わせて自分のカタチをデザインするのではなく、自分のカタチに合った生き方を選択する。そのようにライフスタイルを転換できた個体だけが生き延び、キリンという子孫を繁栄させたのでしょう。

進化の基本は「もって生まれたカタチで頑張る」

突然変異はあくまでランダムなものです。「みんなと違う個体」がすべて生き残れるわけではありません。新しく備わった特徴を活かすことができず、周囲の仲間たちと同じ行動をとり続けたために競争に負け、絶えてしまった個体や種族もたくさんあったはずです。

だとすれば、現在の地球上に生き残っている生物はすべて「努力した祖先」の末裔（まつえい）といえるかもしれません。たまたま幸運にも、環境の変化に合う突然変異を起こした者もいるでしょう。しかし大半の突然変異は、どちらかといえば「生きにくい」方向のものだったのではないかと思います。それでも祖先が頑張って、ライフスタイルを変え、環境圧に耐えてきたからこそ、現在もその系統が繁栄しているのです。

たとえばカメの甲羅などは、キリンの長い首よりもさらに生きるのに邪魔な突然変異だったものと思われます。実はカメの甲羅は、もともとは「あばら骨」でした。腹側にあるはずのあばら骨が、突然変異によって背中側に回り込んでしまったのです。そして背骨と癒合して、甲羅になったわけです（図3－7）。だからあの甲羅は外すことはできません。

あばら骨がなくなってしまった最初のカメは、生きていくのが楽ではなかったはずです。

「まいったなぁ。なんで俺のあばら骨、背中にあるんだよ」

もしそのカメが話せたら、そうボヤいたのではないでしょうか。

しかしキリンの首と同様、みんなと違う形質には不便なことばかりではなく、工夫しだいではそれを役立てることもできます。背中にいってしまったあばら骨も、外敵から身を守るために役立てることはできました。そのようにして

図3－7　カメの甲羅はあばら骨が背中に移動したもの

新たなライフスタイルを開拓し、生き残った祖先の末裔が、現在のような甲羅をもつカメなのです。

そう考えると、進化とは「自然環境の側」からの選択だけではとらえられないことがわかります。「変異体の側」も、生き方を「選択」しているのです。

少なくとも動物に関しては「もって生まれたカタチで、なんとか頑張って生きる」——これが進化の基本形であると私は考えています。

「不老不死」の単細胞から「寿命死」する多細胞へ

このように地球上の生命はみな、突然変異を受け入れて「もって生まれたカタチで頑張って」生きてきました。それが「進化」といわれるものの本質であり、生命と非生命とを分かつ、一つの大きな特徴をなす性質です。生命とは「頑張っている」ものなのです。

しかし、いくら頑張っていても、生物である以上はその個体はいずれ死にます。その「カタチ」がのちのちまで受け継がれて「新種」となるためには、突然変異を起こした個体が環境圧を乗り越えて、子孫を残さなくてはなりません。継承されるべきものは個体ではなく、遺伝子なのです。

これがネオ・ダーウィニズムを踏まえた、進化についての私の基本的な考え方ですが、ここからは別の観点から、より深く進化というものの本質に迫ってみたいと思います。新たに注目するもの、それは「細胞」です。

私たちは当たり前のように、生きているものはすべて、いつかは寿命を迎えて死ぬと思っていますが、実はそうではない生物もいます。

たとえば、極限生物のようなバクテリアがそうです。彼らは体がたった一つの細胞だけでできていて、個体が分裂することで増殖する「単細胞生物」です。分裂した二つの個体はまったく同じものなので、どちらがオリジナルでどちらがコピーなのかわかりません。わからないというより「区別がない」といったほうが正しいでしょう。どちらも分裂によってリフレッシュするので、年齢差もありません。要するに、どちらも「親」でもなければ「子」でもない。ひたすら「自分」がふえていくだけなのです。

したがって、単細胞生物は事実上の「不老不死」であると考えてかまいません。もちろん代謝に必要なエネルギーや物質が手に入らないために「餓死」することはありますが、「寿命」を迎えて死ぬことはないのです。そして地球生命の歴史を見れば、約40億年前に生命が誕生して以来、おそらく25億年ほども、単細胞生物の時代が続いていました。そのあいだは、生命が「寿命死」することはなかったのです。

とはいえ、進化がなかったということではありません。分裂の過程で遺伝子の突然変異が生じれば、それ以前とは形質が変わります。分裂の前後で単細胞の個体そのものが姿を変えながら、進化していったのです。

ところが約15億〜10億年前に、複数の細胞で体を構成する「多細胞生物」が出現しました。ここから、進化のプロセスが変わります。個体はその個体のままで生きつづけることができなくなり、寿命死をするようになりました。そして「親」から「子」へと、遺伝子が継承されるようになったのです。

単細胞から多細胞へ、これは生物の進化史の中でもとくに目立つ飛躍です。しかしなぜ、あえて個体の死という（その個体にとっては）苦痛を受け入れてまで、生命はこのような変化をとげたのでしょうか。その理由はいまだにはっきりとはわかっていませんが、当然、そのほうが生命にとって有利になる事情が何かあったはずです。おそらくは、そのほうが遺伝子は生き残りやすいのでしょう。私の考えは、次のようなものです。

多細胞生物の出現は「酸素」から身を守るため

多細胞生物の登場とは、個体を細胞レベルで見たときに「死ぬ細胞」と「死なない細胞」という役割分担が生じたということにほかなりません。「死ぬ細胞」は、みずからの死と引き換えに、「死なない細胞」を守るという役目を担うことになったわけです。

では、「死ぬ細胞」は何から「死なない細胞」を守る必要があったのでしょうか。私は、それは「酸素」だったのではないかと考えています。具体的には酸素分子O_2のことです。

私たち人間は酸素がないと生きていけません。しかし第2章でも述べたとおり、生物の中にはボツリヌス菌のように、酸素がない状態（嫌気状態）でも生きていけるものがたくさんあります。そもそも40億年前に最初の生命が誕生したとき、地球上には生命が利用できるような、独立したかたちでの酸素はありませんでした。

むしろ、その物性からみると、酸素という物質は生命にとって基本的には「毒」であると考えるべきです。たとえば「活性酸素」は酸素分子がより反応性の高いラジカルに変化したものを含みますが、これは生活習慣病やがんを引き起こす原因になるともいわれています。活性酸素がDNAを傷つけるからです。したがって、かつての地球生命は酸素に弱いものばかりでした。

ところが、そのような毒性をもつ酸素が、あるときから地球上に広がりはじめました。30億年ほど前に登場したシアノバクテリア（図3－8）という生物の仕業です。

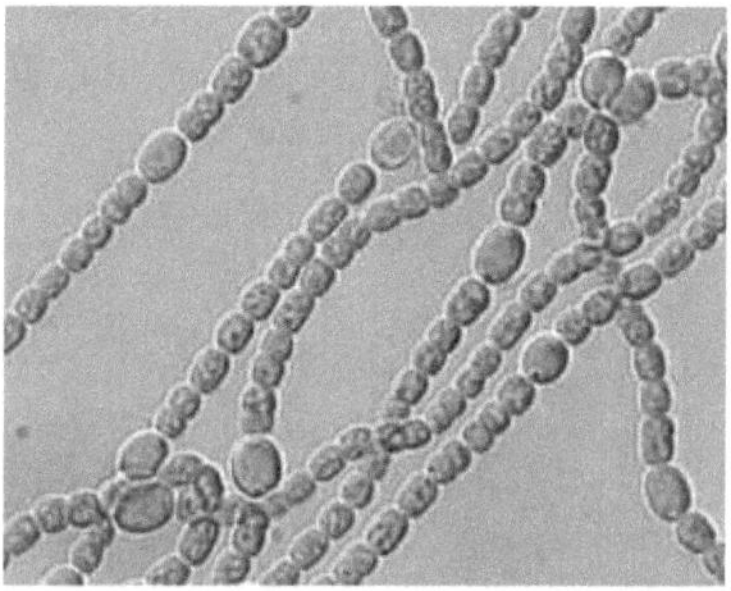

図3－8　地球最大の「環境汚染」をもたらしたシアノバクテリア

彼らは地球生命としては初めて「酸素発生型の光合成」の能力を持った生命でした。それは、二酸化炭素を吸って酸素を吐き出す生体反応です。このシステムは、酸素「非」発生型の光合成と比べて、エネルギー産生効率がきわめて高いため、生存競争で有利になったシアノバクテリアは大繁殖して、大量の酸素を地球上に吐き出しました。地球の大気が現在のように酸素を多く含むものになったのは、彼らが原因だったのです。これは地球史上、最初にして最大の「環境汚染」といえるでしょう。

この環境の激変に適応できず、酸素に弱いままだった生物の多くは滅びました。しかし、一方では酸素に強いバクテリアも登場しました。突然変異によって、酸素を利用してエネルギーをつくりだすという能力を身につけた変異体が生き残ったのです。

生物の進化史上、もっとも驚くべきことが起こったのはこのときでした。酸素を使えない従来型の生物の一部が、酸素を使える新型の生物を、なんと自分の体の中、いや、細胞の中に取り込んでしまったのです。自分の体の中に、まったく種を異にする別の生物が生きたまま棲みついている──というとSFホラーのようにグロテスクにも思えますが、これが私たちの細胞の中にもいるミトコンドリア（図3－9）の祖先であることは、ご存じの方も多いでしょう。

生物が真核生物と原核生物とに分けられることは第2章で述べました。真核生物とは、細胞内に「細胞核」と呼ばれる細胞小器官をもつ生物です。そして人間だけでなく、地球上にいるほぼすべての真核生物は、ミトコンドリアを細胞内に「飼って」います。私たちはミトコンドリアが酸素を使って炭水化物を分解してつくりだすエネルギーによって活動しているのです。ミトコンドリアについては次章でもう一度、くわしく述べます。

話を戻しますと、酸素が大量発生した当時、多くの単細胞生物にとって、それは「毒」でしかありませんでした。酸素からいかに身を守るか。これは彼らにとって喫緊（きっきん）の重大テーマであったはずです。

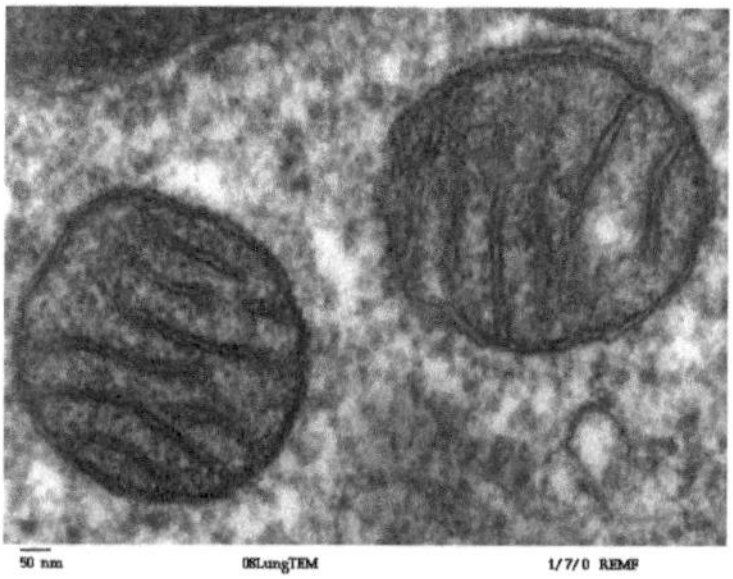

図３－９　ミトコンドリアの電子顕微鏡写真

そこで登場したのが、多細胞生物だったのではないかと私は考えています。具体的には、ミトコンドリアを「飼いならして」酸素とうまくつきあえるようになった細胞がいくつか集まって、酸素とのつきあいが苦手な細胞を取り囲んで守るようになったのではないか。複数の細胞がそれぞれの役割を分担する多細胞生物は、そのようにして誕生したのではないかと考えられるのです。

多くの細胞が集まれば、真ん中にいる細胞は酸素にさらされることがありません。そのため酸素でＤＮＡが傷つくことはありません。しかし、この細胞は酸素を使ってエネルギーを得ることはできないので、活動はできず、じっとしています。一方で、真ん中の細胞を取り囲む外側の細胞は、酸素を使って活発に動きまわることができますが、酸素によってDNAは傷ついてしまいます。

そこで、外側の細胞は動きまわってエサを求め、真ん中の細胞は遺伝子（＝DNA）を次代に伝えるという「分業制」が始まったのではないか。私はそう考えています。

「私たち」の本体は遺伝子にある

さらにいえば、真ん中の細胞は精子や卵子などの「生殖細胞」（図3－10）になり、外側の細胞はそれ以外の「体細胞」になるという分化をしたのではないかと考えられます。

生物にとって重要なのは、DNAを本体とする遺伝子を正しく保持し、次世代に伝えることです。それができるのは、酸素によってDNAを損傷されない真ん中の細胞です。酸素への耐性がない外側の細胞に、その大役はまかせられません。こうして真ん中の細胞は卵子や精子などの生殖細胞になってゆき、外側の細胞は生殖細胞を守るために働いて、やがては死んでいく、いわば「捨て石」のような体細胞の役割を担うことになったのではないでしょうか。生殖細胞は体細胞に守られて、いつまでも生きつづけるのです。

生殖細胞の中でも重要なのは、精子よりも卵子です。次代に継承されるべき主体は、卵子のほうであると考えられます。というのも、卵子は非常に早い段階で胎児に継承されるからです。

私たちの体は、もともと1個の卵子でした。それが精子を受け入れて受精卵になると、分裂して2個、4個、8個……と倍々にふえていき、人体を構成する60兆個もの細胞になるわけです。しかし、最初の卵子が消えてなくなるわけではありません。女性の場合、まだ母親の胎内にいる妊娠20週の段階で、すでに卵巣内に「卵母細胞」という卵子の元になる細胞を600万〜700万個ももっています。卵子はこのようにして母から娘へ、さらにその次の世代へと、脈々と受け継がれていくのです。そのさまは、単細胞生物が分裂によって「自分」を増殖させるのとよく似ています。

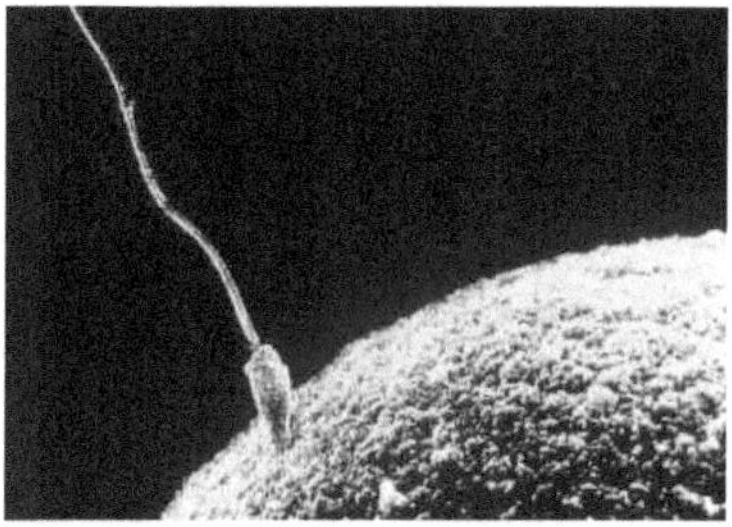
図3－10　卵子に侵入する精子

もちろん受精卵には父親の遺伝子が含まれていますから、母親の卵子と娘の卵子はまったく同じではありません。まったく同じコピーが増えていく単細胞生物とは違います。その意味では、「精子と卵子が次代に継承される」といわなければ不公平だと思われるかもしれません。
しかし実際には、精子と卵子は対等ではありません。卵子だけでも遺伝子を次代に残していくことは可能だからです。卵子が分裂さえすれば、精子がなくても親と同じ遺伝子をもつ子を生むことはできます。そして受精のかわりに別の方法で卵子に刺激（化学的刺激や温度刺激など）を与えれば、卵割は始まります。マウスを使った動物実験でも、それが確認されました。東京農業大学の河野友宏教授らが、刺激を与えた卵子を母胎に戻したところ、ちゃんとメスの個体が生まれたのです。これは「単為発生」もしくは「単為生殖」と呼ばれるもののうち、「二母性」という特殊なケースでしたが、それでも生まれたメスの卵子に刺激を与えて母胎に戻して出産させ、その生まれたメスの卵子にまた刺激を与え……と同じことを繰り返せば、まったく同じ遺伝子をもつクローンが延々と生まれることになります。遺伝子を次代に継承するだけなら、精子は不可欠な存在ではないのです。男性にとっては不本意な話ですが、オスは「脇役」にすぎません。

ただし、精子がまったく不要な存在というわけではありません。哺乳類（カモノハシ類を除く）では、受精卵の発生過程における遺伝子のオン／オフに精子の関与が必要なことがわかっています。そんなマニアックな必要性でなくとも、卵子とは別の遺伝子が混じってシャッフルされなければ、生まれてくる個体は親とまったく同じコピーになってしまい、多様性が失われます。精子が生殖に参加する意味はそこにあります。

ところで、次代に継承される本体は卵子であるという考え方を延長していくと、生物についての、次のような新たな見方が可能になってきます。

卵子をもつメスも、各世代の個体はやがて死んでいく。卵子だけが、次々と個体を乗り換えながらいつまでも生き残っていく。それが生命の「本体」だとすれば、生物の体は卵子の「乗り物」にすぎない。さらに突きつめていえば、その卵子さえも遺伝子の「乗り物」である——。

かつてイギリスの著名な生物学者リチャード・ドーキンス（図3－11）が主張したとおり、生物とは遺伝子の「乗り物」にすぎないのかもしれません。

私たち人間は、「意識」というものをもった（おそらく）唯一の地球生命です。しかし、その意識はあいにく「脳」という、体細胞の側に備わってしまいました。だから私たちは、「自分」とは体細胞の側にあり、そこに生き物としての「本体」があると思いたいのです。それは当然の感覚です。

図3－11　リチャード・ドーキンス（1941～）

しかし現実に、体細胞には必ず寿命死が訪れます。それが「本体」だとしたら、生命に連続性は生じません。体細胞は乗り物として使い捨てにされ、生殖細胞だけが守られて継承されてきたからこそ、地球生命は40億年も止まることなく続いてきたのです。そのようにして遺伝子がリレーされることで、進化も起きる。そして生命の大きな特徴は進化にあるとすれば、やはり生命の本体は、生殖細胞がもつ遺伝子にあると考えるべきなのでしょう。

アメリカン・フットボールも「突然変異」で進化した

ところで、進化とは実際にはどのようなかたちで進んでいくものなのか、みなさんも気になるところではないでしょうか。

いうまでもなく、遺伝子が突然変異しても一度の代替わりでいきなり別の「種」が誕生するわけではありません。中央アフリカに生息する「森の貴婦人」と呼ばれる動物オカピと共通の首の短い祖先から、突如として首の長いキリンが生まれたわけではないのです。進化とは、変異を何世代も積み重ねることによって起きるものです。

遺伝子の突然変異とは、いわばDNAの「ミスコピー」です。実は、これはそれほど特別な現象ではありません。デジタルデータをコピーするのとは違って、子が親のDNAを受け継ぐときには必ずといっていいほどエラーが生じるものです。しかし、ちょっとエラーが発生しただけで、親とは似ても似つかない形質をもった子が生まれることはありません。

ところが、その変異体が生き残って、また違った変異をもつ個体とつがいになって子孫を残すと、それらの変異は、今度は「ミス」ではなくノーマルなかたちで次代にコピーされ、蓄積されていきます。それが何世代も繰り返されると、ついに祖先とは似ても似つかぬ姿になったり、別の行動をとったりするようになるのです。祖先と同じ姿・行動のままの個体とは、もはや交配もできなくなっているでしょう。そうなったとき、その系統は新しい「種」として、祖先の系統から枝分かれするのです。

もちろん、すべての変異体が新種になるわけではありません。さまざまな変異体のうち、前述したように環境圧に耐え、「もって生まれたカタチで頑張って生きる」努力をするなど、生存競争に負けなかった系統だけが生き延びて、新種となることができます。むしろ、環境に適応できていた祖先の「ミスコピー」なのですから、多くの系統は死に絶えるでしょう。変異を何世代も蓄積できるのは、ごく一部の系統だけなのです。後述する「ボトルネック効果」のような例外もありますが、大筋ではそういうことです。

こうした生物の進化のプロセスによく似たものに、フットボール系スポーツの「進化」の歴史があります。

ご存じの方も多いでしょうが、日本でいうところの「サッカー」とは、もともとはイギリスを発祥の地とする「フットボール」のことです。諸説はあるものの、現存する競技の中では、フットボール系スポーツの祖先はいわゆるサッカーと考えていいでしょう。手を使わずにボールをゴールに入れるというシンプルな競技です。

ところが19世紀初めのイギリスで、サッカーの試合中に興奮のあまりボールを手で抱えて走り

図３－12 「突然変異」を起こした瞬間のウィリアム・エリスの像

出したウィリアム・エリスという高校生がいたといいます。いわば「突然変異」を起こしたようなものでしょう（図３－12）。これは明らかにルール違反ですから、本来なら「よくある反則」として片づけられて、それでおしまいだったはずです。ところが、たまたまルールの神が寛容だったのか、このときの環境圧はこの反則を淘汰する方向には働きませんでした。エリス少年が犯したこの「突然変異」を「面白い」と思った人が少なからずいたのでしょう。これをきっかけに、ボールを抱えて走る「ラグビー」という新種のフットボールが、サッカーという祖先から枝分かれして誕生したといわれています。

そのラグビーには、ボールを前に投げてはいけないというルールがあります。ところが、ここでさらに突然変異が起き、一度の攻撃で一回だけ前に投げていいというフットボールが生まれました。「アメリカン・フットボール」、いわゆる「アメ・フト」です。サッカーは「手を使わない」、ラグビーは「ボールを前に投げない」が競技としての面白さの源泉なのに、それらを否定する「変異体」はいずれも淘汰されなかったわけです。

なお、あまり世界的に普及はしていませんが、ほかにも「フットボール」は存在します。たとえばアイルランド発祥の「ゲーリック・フットボール」はサッカーとラグビーの中間のような競技で、ボールを抱えて走れるのは4歩までというルールです。ただし、1回ボールを手から放してバウンドさせると、もう一度、4歩まで走ることができます。また、これと似ている「オーストラリアン・フットボール」は、ラグビーやゲーリック・フットボールが15人制であるのに対し、1チーム18人でプレーします。また、カナダには11人制のアメリカン・フットボールと似ているけれど12人制の「カナディアン・フットボール」もあります。

フットボールはこのように多様に「進化」してきました。なかには、新ルールは考案されたものの定着せず「企画倒れ」に終わった変異フットボールもたくさんあったに違いありません。

生物の進化に「必然」はない

フットボールの進化で興味深いのは、世界全体にはなかなか普及しないものの、アメリカ、アイルランド、オーストラリア、カナダなどでローカルな「新種」が生まれ、それなりに生き残ってきたことです。しかも、はじめは簡単だったルールから、複雑なルールが生まれてきました。これも、生物の進化に通じるものがあります。

図3－13　ボトルネック効果。出す玉の数が少なければ確率どおりの結果にはならない

生物の世界でも、「地理的隔離」によって新種が生き残ることがあります。たとえば5人から10人程度の人間の小集団が旅をしているうちに、豊かな食糧に恵まれた小さな離れ小島にたどり着いたとしましょう。もしその集団の人々がなんらかの理由で生存競争に弱く、子孫を残せないタイプであるとしても、その離れ小島に隔離されてしまったことで、繁栄することも、いずれ新しい種に進化する可能性も十分にあります。

このような、ふつうなら自然選択されない系統が、多数の中から少数を「つまみだす」際にたまたま選ばれることを「ボトルネック効果」といいます。図3－13のように、ビンに入っているたくさんの玉の中からいくつかを取り出す場合、基本的には、多く含まれている色の玉がたくさん出てくるでしょう。玉の半数が赤なら、赤い玉が出てくる確率は２分の１です。白い玉が全体の10分の１しかなければ、白い玉が出てくる確率も10分の１です。しかし、それは十分に多くの玉を取り出したときの話であって、数個しか取り出さないときは結果が確率どおりになるとはかぎりません。５個取り出したうちの３個がたまたま白い玉ということもありえます。生物も同じように、少数派の遺伝子をもつ個体群でも、わずかな生物数しか棲んでいない地理的に隔離された場所では、繁栄を遂げることがありえるのです。

そのようなことも起こりうるので、生物の進化には必然性で説明できないことがたくさんあります。たとえば二つの変異体を比較したとき、強いほうの系統が必ず生き延びるとはかぎりません。自然が何を選択するかは、偶然によるところもきわめて大きいのです。私たちはなにごとにも必然性を求めがちで、「こうだから、こうなる」と論理的に説明したがるものですが、こと生物の進化においては、それは通用しません。

そのことは、たとえばこういう例を考えれば納得できるはずです。地球上では、６５００万年前に恐竜が絶滅しました。進化史上の一大トピックです。もしもそのタイミングで恐竜が絶滅しなければ、哺乳類の繁栄はもっと遅れていたでしょう。それどころか、さらに繁栄した恐竜に捕食されて、哺乳類のほうが絶滅した可能性もあります。すると私たち人類も登場せず、こうして生物の進化について本を書く生物学者も存在しないことになります（ただし知的生命体に進化した恐竜から生物学者が現れた可能性は否定できませんが）。

私たちは地球に人類が誕生したことを、進化を続けた生物がいずれはたどりつく必然の結果であったと考えがちです。もし本当に人類の誕生が必然なら、恐竜も遅かれ早かれ必然的な理由で絶滅したはずです。しかし、実際には恐竜が絶滅したのは、地球に巨大隕石が衝突するという突発的な偶然が原因でした。少なくとも現在は、そう考えるのが主流となっています。

隕石の進路が少しでもずれていれば、地球には衝突していませんでした。この偶然が起きた理由を論理的に説明できるような必然性はないでしょう。恐竜が絶滅したのは偶然であり、私たち人類が誕生したこともその延長にあるのです。

そもそも遺伝子の突然変異にも何の必然性もないのですから、恐竜が絶滅すれば必ず人類が誕生するということもできません。遺伝子の突然変異も、ランダムに生じる偶然なのです。しかも、その偶然によって生まれた変異体のうち、どの個体が「もって生まれたカタチで頑張る」ことができるのかを、理屈を立てて説明することも不可能です。何から何まで、偶然の作用が大きいのです。

いま地球上に生き残っている生命のほとんどは「偶然の産物」といっていいでしょう。

機能の進化も「結果オーライ」

しかし、生物の進化には「とても偶然とは思えない」と感じるものも少なくありません。キリンの首が長いことや、カメに甲羅があることには、どうしても「目的」を見いだしてしまい、そこに「必然」を感じてしまいます。

そうした「カタチ」以上に必然性を感じるのは、生物がもつさまざまな「機能」でしょう。遺伝子の突然変異によって変わるのは、形状だけではありません。たとえば海で暮らしていた生物が陸に上がるには、機能面での大きな進化が必要でした。肺呼吸という機能は、陸に上がるという「目的」のために必然的に獲得されたものと思いたくなります。ペンギンの「奇網」などはまさに、低温に耐えるための必然的な機能としか思えない気がします。

しかし、それら機能の進化も、たまたま結果としてうまくいっただけの偶然にすぎません。いわば「結果オーライ」です。たまたま陸上での、あるいは極寒の地での生活に合うような突然変異を起こした系統が生き延びただけのことなのです。

では、このような機能の進化とは、どのようにして起こるのでしょうか。ここでは「色覚」を例にとってお話ししましょう。

私たち人間の目は、赤、緑、青の三原色を識別する機能をもっています。だから、あらゆる色

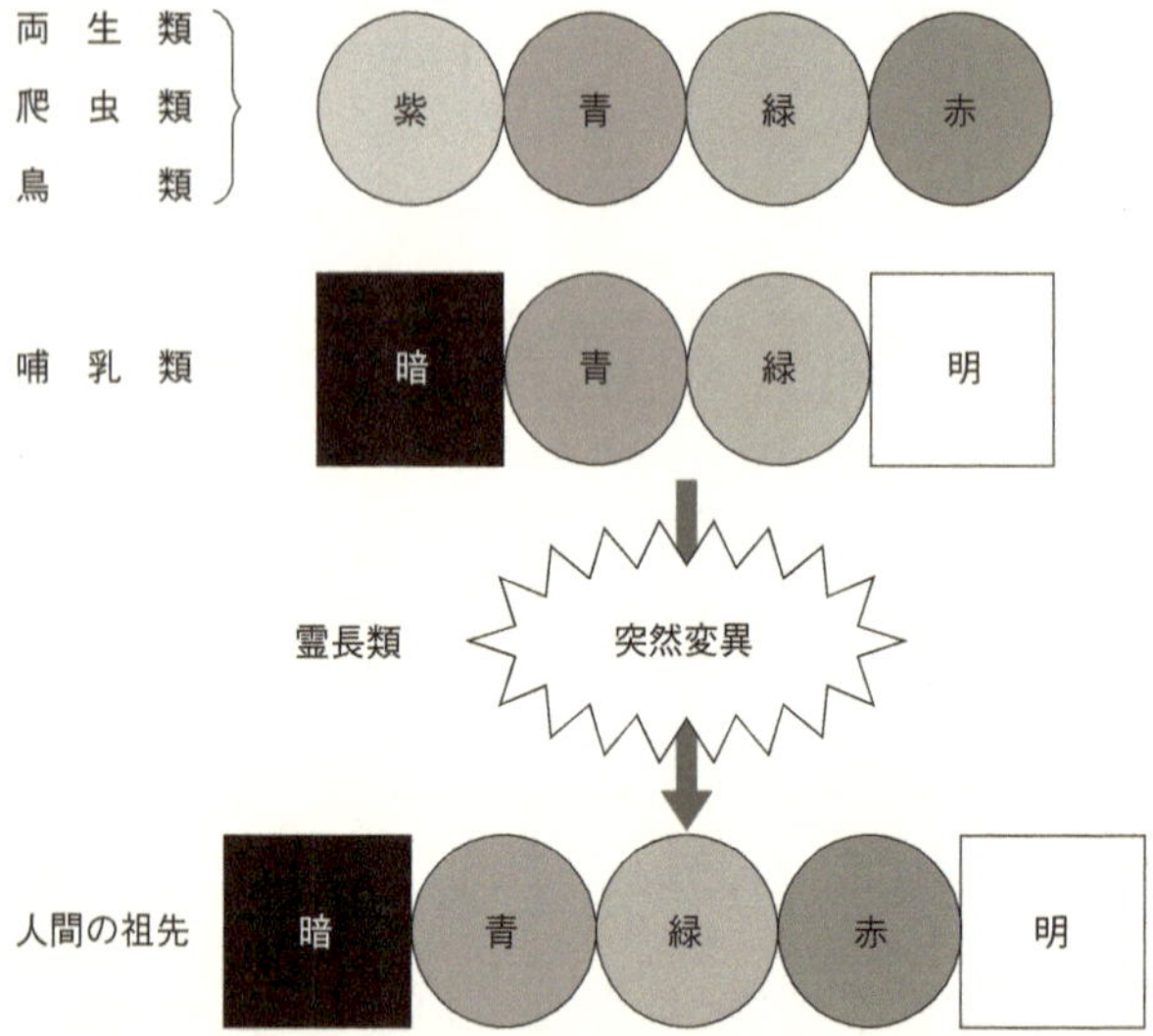
両生類
爬虫類
鳥類
紫
青
緑
赤
哺乳類
暗
青
緑
明
霊長類
突然変異
人間の祖先
暗
青
緑
赤
明

図３－14　脊椎動物の色覚。霊長類に突然変異が起きた

はその三つの組み合わせでできていると考えようとします。少なくとも19世紀まではそうでした。すべての色をつくることのできる三原色には、何か神秘的な意味合いがあるとさえ思われていました。しかし、現在ではそのような考え方は否定されています。あらゆる色が三原色に分解できるように見えるのは、人間の色覚がたまたまそうなっているからにすぎないことがわかったからです。

人間の目がこの三原色を見分けるのは、それぞれの色に反応するタンパク質をもっているからです。「視覚関連オプシン」と呼ばれるタンパク質で、それぞれ、遺伝子に書き込まれた情報によってつくられています。要するに「青遺伝子・緑遺伝子・赤遺伝子」をもっているわけです。

しかし、色覚を決める遺伝子がその3色になったのは、偶然の結果にすぎません。あらゆる動物がその三原色を見分けているなら何かの必然性があると考えてもいいでしょうが、見分けられる色の数は、動物によってさまざまです（図3－14）。

たとえば爬虫類には、人間よりも一つ多い4種類の色覚遺伝子があります。トカゲやワニは世界を紫、青、緑、赤の四原色で見ているのです。鳥類の視覚関連オプシンも、同様に4種類です。「鳥目」などという言葉があるので目が悪いと思われがちですが、それは暗いところでは見えにくいだけで、色覚に関しては鳥類のほうが人間よりも高い機能をもっているのです。

哺乳類の色覚遺伝子は、大雑把にいえばもともとは青と緑の2種類だけでした。だから、たとえばイヌは赤と緑を区別できません。イヌが見ている世界は、人間とはかなり異なります。盲導犬は赤信号で止まり、青信号で進むので、赤と緑が区別できていると思われるかもしれませんが、あれは色で識別しているのではなく、信号が光る位置の違いで判断しているのでしょう。また、周囲の人々の動きも判断材料にしているに違いありません。

人間の祖先にあたる霊長類も、青と緑の「二原色」で世界を見ていました。色覚遺伝子は2種類しかありませんでした。ところが、やがて緑に反応するほうの遺伝子が重複したうえでその一方が突然変異を起こし、赤と緑を区別できるようになった変異体が現れました。

これは、樹上で生活していた彼らにとっては、好都合だったことでしょう。赤と緑の区別がつけば、木の葉の色と、果実の色を見分けることができます。たまたま赤と緑を識別できるようになったことで、より早く、より多くの果実を見つけることができるようになったのです。こうして三原色の霊長類は二原色の霊長類よりも生き延びやすくなり、より多くの子孫を残すことができ、そこから人間が誕生した——誰もそれを見たわけではないので本当のところはわかりませんが、そう考えると、人間が三原色を見分ける方向に進化したことがうまく説明できるのです。

巧妙に見える「共進化」もやはり偶然

色覚に関係する機能の進化の例として、さらに巧妙に感じられるものに、昆虫と花の「共進化」があります。

昆虫、たとえばミツバチは、色の数でいえば人間と同じように三原色を区別していますが、実は赤の代わりに違うものが見えています。それは「紫外線」です。電磁波にはさまざまな波長のものがあって、人間の目に見えるのは、そのほんの一部にすぎません。これを「可視光」といいます。可視光のうちもっとも波長の長いものが「赤」、もっとも波長の短いものが「紫」、人間にはこのわずかな幅の間の光しか見えないのです。もしもより長い、あるいは短い波長の光が見えたら、私たちの目に映る世界はまったく違った様相を呈するでしょう。事実、天文学の世界では

図3－15　人間の目に映る花（左）と、ミツバチの目に映る花（右)。ミツバチにはネクターガイドが見える

電波望遠鏡やX線望遠鏡などでさまざまな波長の光をとらえることで、肉眼では見えない宇宙の姿を明らかにしてきました。

昆虫は人間の可視光よりも波長が短い紫外線を見ることができます。そして、これによってミツバチなどは、赤と緑を見分けられる霊長類が果実を得やすくなったのと同様に、エサにありつきやすくなりました。人間には見えない紫外線を撮影できるカメラで花の写真を撮ると、その意味がわかります（図3－15)。

モノクロ写真でも、花弁の中央付近が黒っぽく写っているのがわかるでしょう。これは花弁から発せられている紫外線なのです。こうなったことで結果的に、「ここに蜜がありますよ」と花は昆虫をおびき寄せやすくなったのです。これを「ネクターガイド」といいます。

昆虫のほうは、たまたま突然変異によって紫外線が見えるようになり、ネクターガイドを認識できるようになった者が生き残りやすくなりました。一方、花のほうは、たまたま突然変異によってネクターガイドが出るようになった者が、たくさんの昆虫を集めて花粉を効率よく運べるようになり、生き残りやすくなりました。いわば「もちつもたれつ」、あるいは現代風にいうと「ウィン・ウィン」の関係です。このように、複数の生物がお互いに関係しあいながら進化することを「共進化」といいます。

こうした共進化を見ると、一つの種の単独での進化よりもさらに、そこにあらかじめ「目的」があったかのように思えます。植物と昆虫というまったく種類の異なる生物が、まるで何やら共謀して練り上げた計画性のようなものまで感じてしまいます。

しかし、これもやはり偶然の積み重ねにすぎないのです。おびただしい種類の変異体が生まれてくるなかでは、関係しあう種にもさまざまな組み合わせがありえます。そのうち、たまたまネクターガイドを出す花と、紫外線の見える昆虫の相性がよかったために、どちらも子孫を繁栄させることができたのです。やはり「結果オーライ」なのです。

何億年もの長大な時間のあいだでは、そうした偶然が起きるケースもそこそこあったでしょうし、案ずるより産むが易し、意外なほど短い時間でなしとげられることもあったでしょう。本書では説明しませんが、あのダーウィンをして、比類のない仕組みをあれほどたくさん備えている眼が、自然淘汰によって形成されたと考えるのは、正直、あまりに無理があるように思われる。（『種の起源』より）

と悩ませた「眼の誕生」もまた、そうだったようです。

ヘソでわかる生物の多様性

海で誕生した生命が陸上に進出したのも、決して最初から「陸に上がってやろう」という目的をもって試みられたのではありません。やはり長期間にわたって偶然が積み重なった結果です。

動物の場合、陸上進出が可能になるかどうかは「陸上に海を持ち込む」ことができるかどうかが、大きなポイントでした。それを実現したのが、「羊膜」という構造と機能です。羊膜によって、胎児を羊水に浸しておけるようになったことで、哺乳類は「体の中に海をもつ」ことができたのです（図3-16）。

これに対して、「体の外に海をもつ」ように進化した生物もありました。「卵」を産む動物がそれです。卵の中に羊膜があり、やはり胎児を包んでいます。こちらは、胎児を卵の中の「海」に浸しているわけです。このように、同じ「陸上に海を持ち込む」にも複数の方法があったのです。

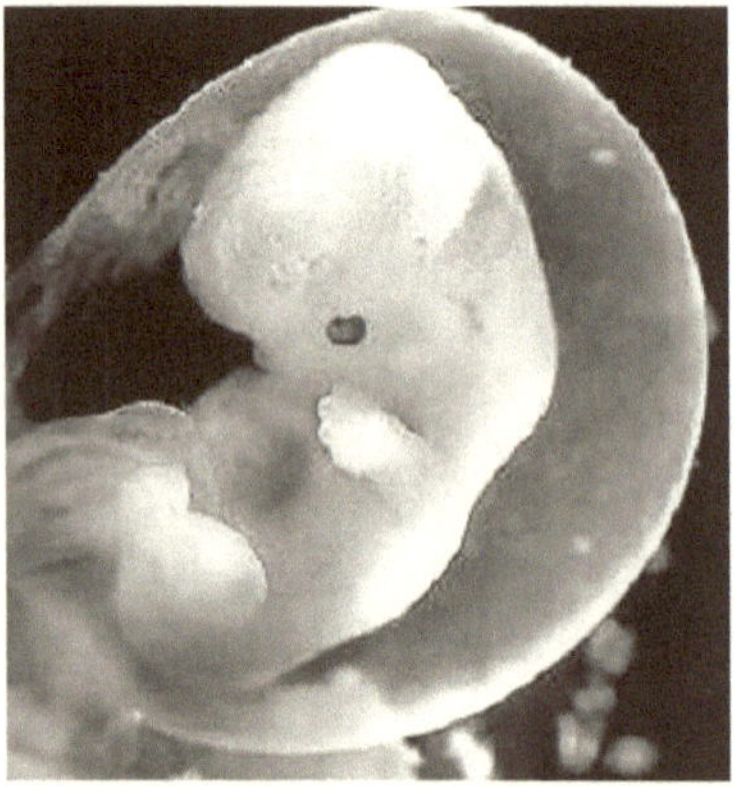

図3－16　羊膜に包まれた人間の胎児

もし最初から明確な目的が設定されていて、そのための工夫が合理的になされてきたのであれば、最終的にはたった一つの方法に収斂（しゅうれん）されるのではないでしょうか。しかしそうではないことを見れば、さまざまな偶然の中から「結果オーライ」で残った方法と考えるほうが自然でしょう。「羊膜」で育てるのも「卵」で産むのも、どちらも陸上進出にはたまたま都合がよかったので、そのような突然変異をとげた生物が陸に上がることができたわけです。

実は「羊膜派」の生物と「卵派」の生物には、共通点があります。それは「ヘソ」があることです。「ヘソがあるのは哺乳類だけ」と勘違いしている人は多いようですが、卵で仔を産む鳥類や爬虫類にも、ヘソはあるのです。哺乳類の胎児がヘソの緒で母体とつながっているのと同じように、鳥類や爬虫類の胎児も、ヘソの緒で卵黄とつながり、ヘソの緒から栄養を吸収しています。そして老廃物は尿膜腔に捨てます。その意味で、胎盤と卵黄＋尿膜腔は基本的に同じものだと考えていいでしょう。

その一方で、哺乳類なのにヘソがない動物もいます。カンガルーをはじめとする「有袋類（ゆうたい）」は胎盤がなく、もちろん卵を産むわけでもないので、ヘソがありません。羊膜はあるのですが、胎児に栄養を供給するしくみがないわけです。体の中に海をもって陸に上がった哺乳類が、その「海」を手放すような形に進化したのが有袋類なのです。有袋類に対して、ヘソのある哺乳類は「有胎盤類」といいます。

では、カンガルーの仔（こ）はどうやって母体から栄養を得るのでしょう。カンガルーの仔は、人間でいえば超未熟児の状態で、母親の袋の中に生まれ出ます。生まれたての仔は、人間の親指よりも小さいぐらいの体で袋の中をよじ登り、母親のおっぱいを探り当てて、お乳を吸いはじめます。有胎盤類の胎児がまだヘソの緒から栄養を得ている段階で、カンガルーの仔は袋の中に生まれ、「哺乳類」としての本領を発揮しているわけです。なお、カンガルーの子供はかなり大きくなって、ジャンプできそうなほどに成長しても、なかなか袋から出ません。もう袋から脚がはみ出していても、まだ袋の中でお母さんにべたべたしています。これは、同じ有袋類のコアラも同様です。もしかしたら有袋類は、ヘソを失ったかわりにぺたぺた甘えることで、母という「海」の感触を確かめているのではないかと、そんなロマンチックな考え方を私はしています。

このように「ヘソの有無」は、哺乳類の定義とは関係がありません。ヘソのある非哺乳類もいれば、ヘソのない哺乳類もいるのです。

これをみても、動物の進化のパターンは実に多様です。まったく違う形状に進化した爬虫類と哺乳類にヘソという共通点があるかと思えば、同じ哺乳類でもヘソがない者もいる。「胎盤がない」という意味では、爬虫類や鳥類と有袋類に共通点があるともいえます。その一方で、魚類なのにサメの中には胎盤をもつ種（ホオジロザメやシュモクザメなど）もあります。ヘソや胎盤だけでもまったく一筋縄ではいかないことがわかるでしょう。

遺伝子の突然変異がいかにランダムに起こるもので、そこには何の必然性もないことが、こうした例からもわかるのではないでしょうか。生命の「本体」ともいえる遺伝子とは、どのような変異を遂げるかまったくわからないものです。だからこそ、その「乗り物」である生物の形や機能には、無限とも思える多様性が生まれるのです。

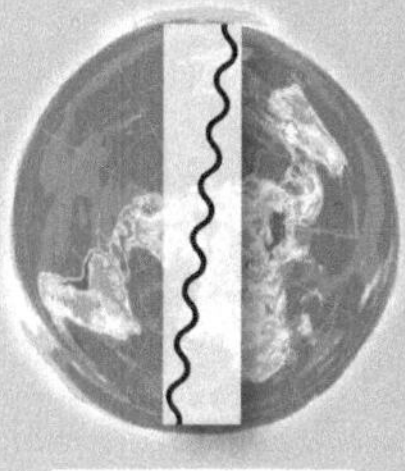

第4章
遺伝子からみた生命

ドーキンスにまつわる誤解

「メタバイオロジー」という考え方を起点として、さまざまな過酷な環境に生きる極限生物たちに生命の「エッジ」を見いだすことから出発した「生命とは何か」を問う旅は、前章では「進化」というキーワードを通して生命の本質に迫ることを試みました。そこで私たちは、継承される生命の「本体」とは実は遺伝子であると考えざるをえないこと、そして遺伝子とは、まったく無目的に、ただの偶然によって突然変異を繰り返すものであることを知りました。

生物とは遺伝子の「乗り物」にすぎないのであれば、「不安定な炭素化合物」として40億年も続いてきた生命現象の不思議さを解くカギは、遺伝子が握っていると考えるべきでしょう。はたして、遺伝子の強みとはどこにあるのでしょう。生命の不可解なまでの強靱さとは、でたらめにも思える遺伝子のランダムさが源泉となっているのでしょうか。

この章では、遺伝子にさらに注目して「生命とは何か」を考えてみます。

「生物は遺伝子の乗り物にすぎない」と主張して一世を風靡(ふうび)したドーキンスの出世作となった著作は『利己的な遺伝子』というタイトルでした（図4－1）。しかし、このネーミングは誤解を招きやすく、あまり適切ではなかったのではないかと私は考えています。

この言葉には、まるで遺伝子が「意思」というものをもっているかのような印象があります。

生物が自分にとって都合のいい「乗り物」になるように、遺伝子自身が「目的意識」をもって突然変異を起こしている――そんなイメージを想起させます。

しかし、ドーキンスは決してそのようなことを述べているわけではないのです。むしろ、生物の設計にはどんな「デザイナー」も存在せず、進化とは「偶然の積み重ね」であることを、ドーキンスはさまざまな著作を通じて力説しています。

しかも、このタイトルには別の意味でも疑問があります。たしかに「乗り物」にされている私たちからみれば、遺伝子が「自分」の都合を最優先して、私たち「乗り物」を二の次にしているのは勝手だと思いたくなります。しかし、うまく生き延びることができる遺伝子は、実は決して「利己的」ではないのです。むしろ「協調性」のある遺伝子のほうが、より生き延びやすいようなのです。

Richard Dawkins
The Selfish Gene
PALADIN
図4－1　1976年に著された『利己的な遺伝子』の表紙

ドーキンスもそのことをわかっていたので、本当は「協調的な遺伝子」といったタイトルにしたかった、という話も聞いたことがあります。

とはいえ「遺伝子に協調性がある」というの

は、私たちにはにわかに想像しがたい話です。いったい遺伝子の協調性とは、どのようなものなのでしょうか。

遺伝子が知っている「情けは人のためならず」

日常よく使われる諺(ことわざ)に「情けは人のためならず」というものがありますが、みなさんはその意味を、正しく知っていますか？　近頃の学生には、「他人に情けをかけて甘やかすのは相手のためにならない」、だから厳しく接すべし、という意味だと勘違いしている人も多いようです。

もちろん、そうではありません。正しくはこの諺は、人に情けをかけると、巡り巡って自分に返ってくる、だから情けとは、実は「人のため」ではなく「自分のため」になるものなのだ、という意味です。

私のイメージでは、遺伝子の「協調性」もどうやら、そのようなものに近いようです。「利己的」の対義語は「利他的」ですが、生命とはみずからが生き延びようとするものである以上、生存競争において完全に自分を犠牲にして、他を利することなどありえません。「利他的」に見えるふるまいをしながらも、それが結果的には自分の利益につながる、そのような意味での「協調性」が、遺伝子にはプログラムされているようなのです。

遺伝子によって決まるのは、個体という「乗り物」の「形」や「機能」だけではありません。

個体のふるまい方、つまり「行動パターン」も、遺伝子によって決まります。したがって遺伝子は、自分がより生き残りやすくなるように、個体を行動させていることになります。より多くの子孫を残せるように、個体にふるまわせるのです。

もちろん自分が生き残るためにやっていることですから、結果的に多く生き残ることに成功した遺伝子は「利己的」であるといえるかもしれません。しかし、だからといって、そのためにとった行動そのものが利己的であると決めつけることはできません。

実は生物の行動には、「利他的」に見えるものが少なからずあります。そして実際に、利他的な行動を見せる個体ほど、より多くの子孫（遺伝子）を残せることがわかってきたのです。まるでゲーム理論のような話ですが、それが現代の「集団遺伝学」という研究分野によってもたらされた驚くべき知見なのです。

修正されたダーウィン進化論

ダーウィンの進化論では、生物の生存競争とは「個体」対「個体」の戦いであるとされていました。「種」対「種」の戦いではありません。同じ種の個体どうしが競争を繰り広げ、より環境に適合したほうが生き残り、それが結果として「種の進化」につながるというのです。イヌとネコのどちらが淘汰されるかではなく、イヌはイヌどうし、ネコはネコどうしで競い合う、これがダーウィン進化論の基本的な考え方だったのです。

そのとおりだとすれば、どの個体にも「味方」はいません。すべての個体が「敵」どうしになります。その場合、たとえば個体数が増加してエサの量が減ったとき、生き残るのは「利己的な個体」であることは明らかに思えます。より力の強い者、より速く動ける者、エサを見つけるのがよりうまい者などが生存競争を制し、より多くの子孫を残すのは当然のように思われます。

ところが、生態学と遺伝学を組み合わせた集団遺伝学の研究では、こうした状況で「利他的に」ふるまう個体のほうが、子孫を残しやすいケースもあることがわかったのです。

そうしたことが起こるのは、たとえば「群れ」をつくって生活している動物の場合です。群れという集団の中で、少数の強い個体がエサを独占すれば、多くの個体が飢えるため、その集団そのものは衰弱します。子孫を残せる個体数も減ってゆき、やがて群れを形成することができなくなるかもしれません。しかし、これらの個体が群れをつくっていたのはそもそも、それぞれの個体が生き延びやすくなるためであるはずです。とすると、群れがつくれなくなることは強い個体にとってもマイナスになってしまいます。

逆に、それぞれの個体が利己的にエサをあさるのをやめ、個体どうしが協調して少ない食べ物を分けあうようにすれば、群れ全体が生き延びます。群れが大きくなれば、たとえば外敵から身を守りやすくなるなどのメリットがあるので、どの個体も生き延びる確率が高くなります。利他的にエサを分け与えることが自分の「得」につながる、まさに「情けは人のためならず」といえる結果になるのです。

そして実際に、動物には「利他的」な行動パターンが存在することがわかりました。これにより、進化論は修正されることになったのです。ダーウィン進化論は個体間競争を基本とするものでしたが、現代進化論では、遺伝子を最大限に残すためには「利他」と「協調」が重要であると考えるわけです。

次ページの図4－2は、その違いをわかりやすく表現したイラストです。互いに後ろ向きにロープでつながれた2頭のロバは、それぞれ自分の目の前の干し草を食べようとすると、激しい引っ張りあいになります。これがダーウィンの想定した個体間競争にほかなりません。しかしこの場合、2頭の力が拮抗しているとどちらもエサにありつけず、最後は共倒れになってしまうでしょう。ところが、もしロバが「協調性の遺伝子」を持っていれば、どちらかが相手に順番を譲ることで結果的には両方の干し草を一緒に食べることができ、共存共栄が可能になります。つまり「集団」として生き延びることができるのです。

現実には、このイラストほどうるわしい協調性は発揮されないかもしれません。一緒にどちらかの干し草に向かえば、そこで分かちあいよりも奪いあいが始まる可能性はあります。しかしそれでも、お互いにロープを引っ張りあって共倒れになるよりは、はるかにましな選択です。

?

図４－２　互いに後ろ向きにつながれた２頭のロバ。それぞれが目先のエサに執着すると永久に食べることはできないが、相手に先を譲る利他的行動をとればどちらもエサにありつける

図４－３　「よその子供」の面倒も見るペンギンの群れ

実際に、たとえばペンギンには、自分の子もよその子も〝保育所〟のようにまとめて世話をする習性があります（図４－３）。

動物にこのような利他的な行動をさせる協調性の遺伝子は、やはり進化の過程で獲得されたものであると考えられます。ひたすら利己的にふるまう個体よりも、協調性のある個体のほうが、より子孫を多く残すことができたために、「進化」として定着したのでしょう。

「種を超えた協調性」の不思議

しかも動物が利他的な行動を見せるのは、同種の個体に対してだけではありません。種を超えての助け合いもあるのです。

たとえばクジラの子がシャチに襲われたときに、別種のクジラが現れてシャチを追い払うことがあるそうです。この行動は「群れ全体の利益」といった論理にはあてはまりません。いったい、どういうことなのでしょう。子供向けのテレビ番組であれば、「愛」「優しさ」「勇気」といった言葉で片づけてしまうところかもしれません。しかし、そんな擬人的な説明が可能なのであれば、その「優しさ」や「勇気」がシャチに向けられてもいいはずです。シャチにしても飢えを免れるために必死なのであり、せっかくの「食事」を邪魔されて、ひどい迷惑です。

人間の目には「感動的」に映るこの利他的行動も、助けたクジラにとっては「他人のため」というより「自分のため」のメリットが何かあるはずです。しかし、このような種を超えた利他的行動については、まだその意味がよくわかっていません。マクロな目で見れば天敵のシャチが減ればクジラの仲間全体が子孫を残しやすくはなるのでしょうが、そのために、死の危険を冒してまで別種の子クジラをあえて助けるというのは、ちょっと考えにくい話です。

ところで種を超えた協調性の例としては、別種の生物どうしがもっと根本的なところで深く結びつく、不思議な関係もあります。それは「共生進化」と呼ばれるものです。実例はきわめて少ないのですが、生物の進化を考えるうえでは、きわめて重要な関係の一つです。

共生進化という言葉から、さきに紹介した花と昆虫の「共進化」を思い出した人もいるでしょう。花は昆虫をおびき寄せるネクターガイドを進化させ、昆虫のほうは紫外線が見えるように進化した。たしかにこれも種を超えた協力関係といえるでしょう。

また、有名なクマノミとイソギンチャクのような「共生」の関係を連想する人もいるでしょう。クマノミはイソギンチャクの毒針（刺胞）に反応しないように進化したため、イソギンチャクの中に棲むことで外敵から身を守れるようになりました。一方のイソギンチャクがクマノミからどんな利益を得ているのかは明らかになっていませんが、そこに種を超えた「共生」が成立していることは間違いありません。

しかし、共生進化はそれらのどの関係とも異質なものです。種の異なる生物どうしが寄り添って、助け合いながら生きる——などというなまやさしいものではないのです。

共生進化とは、二つの生物が「合体」して、まるで「一つの生物」のように生きることです。その実例は、かつてたった2例しか知られていませんでした。それも道理でしょう。種が異なれば、常識的には交配さえできないのですから、それらが合体するケースなど、そうあるはずがありません。しかし、１９７０年代の後半には、これまでの2例に加えて、3例目になるであろう共生進化をする生物が発見されたのです。

では、共生進化とはどのようなものか、これらの例を見ていきましょう。

ほぼすべての生物に居座るバクテリア

1例目は、実は前章でも少しふれています。そう、私たちの細胞の中にもいるミトコンドリア

chimera d'arezzo
SAN MARINO L.180

図４－４　怪物「キマイラ」が描かれたサンマリノ共和国の切手

です。そこでも述べたように、地球生命初の光合成をする生物、シアノバクテリアが吐き出す大量の酸素で地球上の大気が「汚染」されたとき、酸素に強いバクテリアとして登場したのがミトコンドリアの祖先でした。

その「α－プロテオバクテリア」が生物の細胞に入り込んだのは、10億～20億年ほど前のことと考えられています。いったいどのようにして異種の生物どうしが合体したのかは、謎です。ともかくこのときから、地球上のほとんどすべての動植物の細胞は、いわゆる「キメラ」になりました。キメラとは、同一個体内に異なった遺伝情報をもつ細胞が混じっている生物のことで、ライオンの頭、山羊の胴体、毒蛇の尻尾を持つとされるギリシャ神話の想像上の怪物「キマイラ」（図４－４）がその語源です。というとなにやら恐ろしげですが、実はキメラは怪物でもなんでもありません。私たち人間の細胞もすべて、合体生物「キメラ」なのです。なぜなら合体して「宿主生物」、いわゆる「ホスト」の体内に入り込んだバクテリアは、ミトコンドリアとして細胞内に居座ってもなお、「生物」としての独立性を保持しているからです。彼らはホストとは違うＤＮＡをもち、ホストとは異なる遺伝情報にしたがって分裂をしているのです。

このように、種の異なる二つの生物が、まるで一つの生物のように一体化する、ある意味では壮絶ともいえる協調関係を結ぶことが、共生進化なのです。では、ミトコンドリアとホストの共生進化では、双方にどのようなメリットがあったのでしょうか。

ホスト側のメリットは、これも前章で述べたように、自分では使えない酸素を利用できるミトコンドリアによって、生命活動に必要なエネルギー、すなわち「生体のエネルギー通貨」であるＡＴＰが供給されるようになったことです。酸素を使うことによってエネルギー産生効率は飛躍的に向上し、それがこのあとの生物の大繁栄につながりました。

ミトコンドリアの側のメリットは、彼らにとっても必要なＡＴＰをつくるための原材料が、ホストの体内に居ながらにして提供されること、すなわち「細胞内」という安住の地を得られるところにあったと思われます。そして生物たちの大繁栄によって、ミトコンドリアの遺伝子も爆発的に数をふやしました。

見方によっては、もっとも繁栄している地球生命はミトコンドリアであるといえるのかもしれません。

図4－5　葉緑体の構造。多数のチラコイド（小胞）が重なっている

植物細胞に居座った「もう一つのバクテリア」

次なる共生進化の例も、細胞内に居座ったバクテリアが登場します。ただし彼らがターゲットにしたのは、植物の細胞だけでした。いや、理屈はむしろ逆で、彼らが居座った系統が植物になったのです。彼らの名前も、すでに何度か出てきています。地球上に大量の酸素をまきちらした、シアノバクテリアです。

シアノバクテリアは現在でも単体で海や河川などに存在する、「藍藻（らんそう）」とも呼ばれる比較的ありふれた生物ですが、これがあるとき、何かの事情で植物の祖先細胞に入り込んだようです。

その時点で、植物の祖先細胞にはすでにミトコンドリアが入り込んでいました。したがって植物は2度にわたって外来バクテリアと共生進化の関係を結んだことになります。

細胞内に入り込んだシアノバクテリアは、そこで「葉緑体」といわれる細胞内器官となりました（図4－5）。植物が二酸化炭素から自分の体とデンプンなどの栄養をつくるために欠かせな

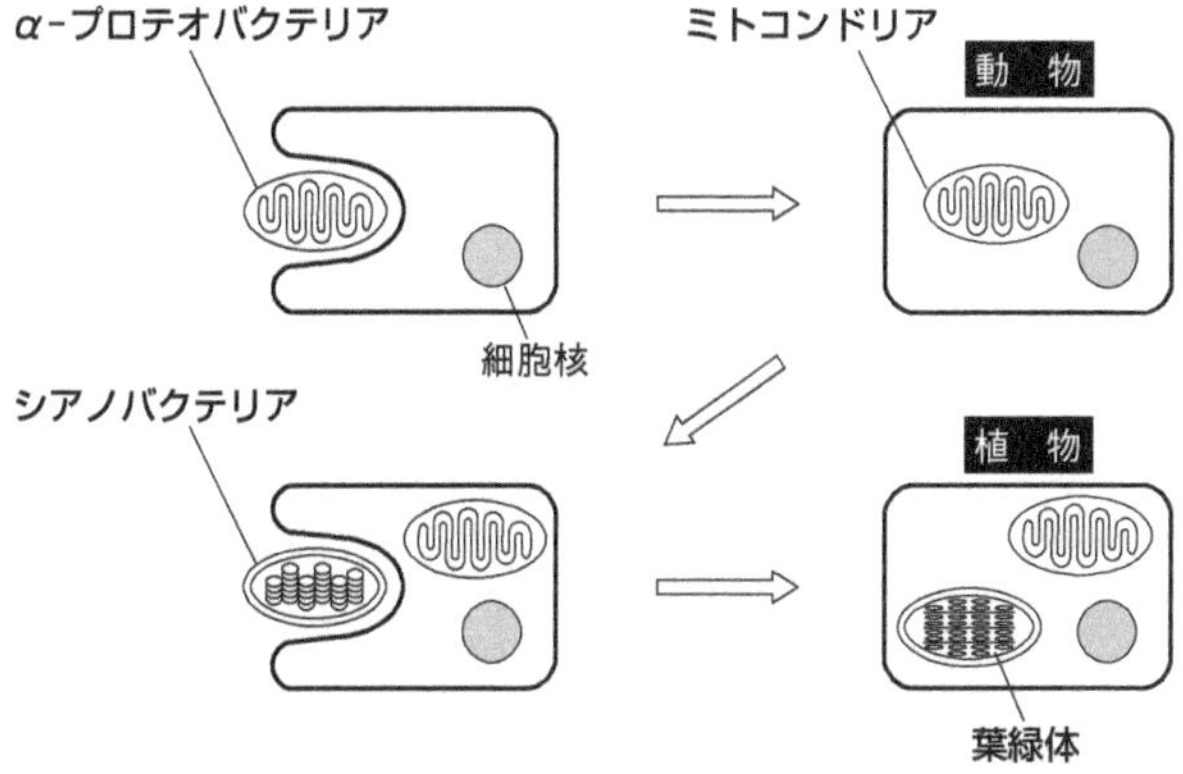
α-プロテオバクテリア
ミトコンドリア
動　物
細胞核
シアノバクテリア
植　物
葉緑体

図４－６　動物と植物は、外来バクテリアが侵入した回数で区別できる

い光合成をするための器官としてよく知られている葉緑体も、細胞内に居座った別の生物だったのです。そして現在、光合成をして生きているあらゆる植物は、シアノバクテリアが葉緑体となって細胞内に居座ったおかげでそれが可能になったのです。

この共生進化における双方のメリットは、ミトコンドリアとホストの場合と同様と考えられます。植物のほうは光合成という、いまだに人間にも真似ることができない超高効率の光エネルギー利用システムを獲得しました。そしてシアノバクテリアのほうは、そこにいるだけで窒素やリンなどの無機栄養（いわゆるミネラル）を入手できる安住の地を得たのでしょう。

この二つが、従来知られていた共生進化の例です。そしてこの二つの例は、生物を動物と植物とに区別する目安にもなっています。動物か植物かは、細胞内に存在する外来バクテリアの種類で見分けることができるのです。すなわち、ミトコンドリアだけをもつものは動物、ミトコンドリア＋葉緑体をもつものは植物です（前ページの図4－6）。

次に紹介する3例目は、10億年以上前に起きたこれら二つの例より比較的新しく、そしてかなり趣（おもむき）が異なる共生進化です。

ものを食べない深海の動物

その奇妙な生き物は、1977年にガラパゴス諸島沖の深海底で最初に発見されました。地下から温水が湧出しているところに、白いチューブ状のものの先端に赤い花のようなものをつけた「何か」が密集しているのを見つけたのは、アメリカの潜水船「アルビン号」の面々でした。しかし、その「何か」のあまりの異様さに、分類学上の属性を決めることもできず、とりあえず「チューブワーム」という見た目のままの名前がつけられました（図4－7）。

現在もこの呼称は変わりませんが、分類としては「環形動物門多毛綱シボグリヌム科」というカテゴリーに入れるのが主流となっています。とはいえ諸説ありますので（以前は「有鬚（ゆうしゅ）動物門ハオリムシ綱」に分類されていました）、専門的なことは気にしなくてもいいでしょう。

それよりもここで重要なのは、このチューブワームが「動物」だということです。なぜそれが重要なのか。チューブワームは動物であるにもかかわらず、消化器官をもっていないのです。

光合成で栄養をつくる、独立栄養の植物とは違い、従属栄養の動物は「ものを食べる生き物」であると考えるのが常識です。ところが、この深海生物には口もなければ胃もなく、腸も肛門もありません。それでは何も食べられないではないか——と思われるでしょうが、実はそれが正解です。チューブワームは従来の常識から外れた「ものを食べない動物」なのです。

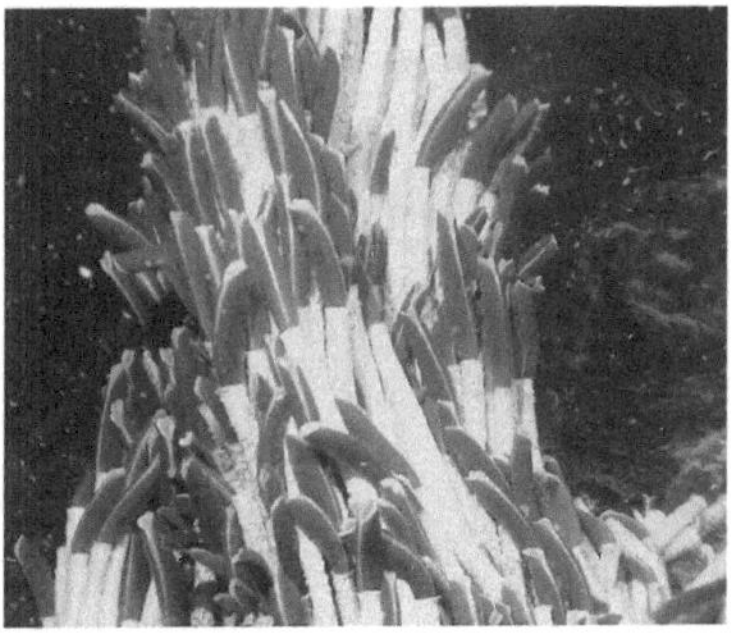
図4－7　チューブワーム

とはいえ生物であるからには、なんらかの形で栄養を摂取しなければ生きていけません。そうでなければ「生命」と呼べるのかどうかも怪しくなってしまいます。チューブワームも、ちゃんと栄養は摂っています。では、ものも食べず、光合成もせずにどうやって摂るのでしょうか。

その謎を解くカギが、共生進化にほかなりません。

チューブワームの体内、いや細胞内には、ある微生物が棲んでいます。そしてチューブワームは、その微生物がつくりだす栄養をもらって生きているのです。この微生物とは、イオウ酸化細菌というバクテリアです（図4－8）。第2章で「暗黒の光合成」という話をしたときにほんの少し、この名

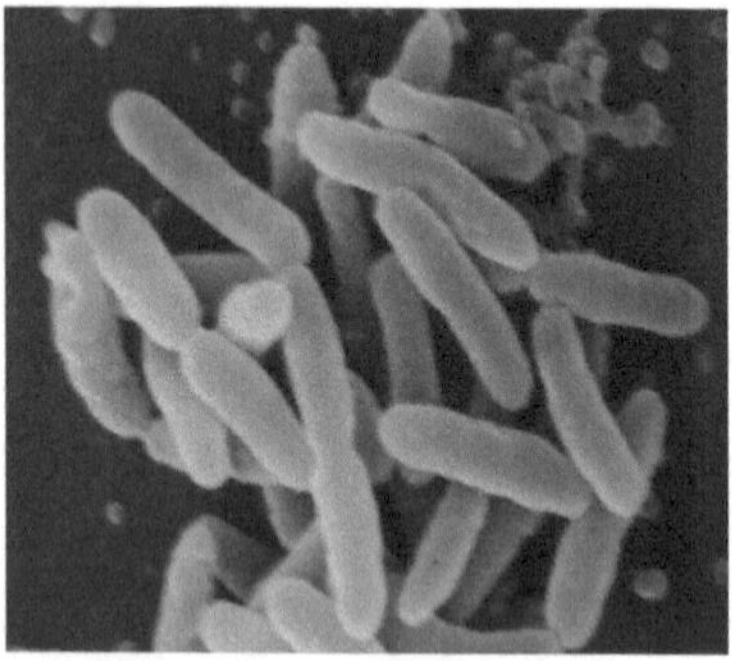
図4－8　イオウ酸化細菌

が出てきたのはご記憶でしょうか。火山ガスやヘドロの中に含まれる硫化水素のイオウを酸化し、そのとき出てくる化学エネルギーと二酸化炭素から栄養をつくるバクテリアです。そのしくみは、植物が光エネルギーを使って二酸化炭素から栄養をつくる光合成とそっくりです。

彼らも独立栄養の生物であり、動物から植物が分かれるはるか以前から「暗黒の光合成」によって栄養をつくりだして生きてきました。深海底の海底火山という極限環境に耐えて生きている彼らもまた、極限生物といえます。チューブワームはこのような極限生物を体内に棲まわせているのです。

「完璧」なまでの協調関係

では、チューブワームとイオウ酸化細菌との共生進化の関係をくわしく見ていきましょう。

イオウ酸化細菌が化学エネルギーをつくるために必要なイオウは、海底火山にはたくさんあります。一方、硫化水素を酸化するための酸素も、海水にはたくさん含まれています。ところが、硫化水素と酸素は、海中ではなかなか共存しません。イオウ酸化細菌がその両者を同時に安定的に手に入れるのは、非常に難しいことなのです。そこで頼りになるのが、チューブワームです。チューブワームの先端にある赤い花のような部分（図4－9）には、魚のエラに似た機能があります。チューブワームはそこから酸素と硫化水素を吸収して、体内に送り込んでいます。送り先はチューブの中にあるイオウ酸化細菌の居場所です。イオウ酸化細菌にとっては、そこで待っていれば硫化水素と酸素がただで入ってくるのですから、こんな楽なことはありません。

チューブワームの中に入り込んだイオウ酸化細菌は、いくらでも栄養をつくれるようになりました。自分たちでは使い切れないほどです。そこで、余った分をチューブワームにも分け与えることになったわけです。

このように、チューブワームとイオウ酸化細菌はお互いに「もちつもたれつ」、「ウィン・ウィン」の関係を築き上げ、大きなメリットを享受

図4－9　チューブワームの先端にある「エラ」のような器官

しあっています。お互いに相手がいなければ栄養を摂ることさえできないのですから、きわめて深い依存関係にあるといえるでしょう。花と昆虫の関係や、クマノミとイソギンチャクの関係などとは比較になりません。

私たち人間も、腸内細菌をはじめとするたくさんの微生物と体内で「共生」しています。腸内細菌は人間の健康と切っても切れない存在で、もし体内から排除すればすぐに病気になってしまいます。人間一人の体内には、合計で数百グラムから約1キログラムもの腸内細菌が棲んでいます。種数は数百から千、個体数にしておよそ100兆個。それだけ多くの「別種の生物」が、私たちと共生しているのです。

しかし、チューブワームとイオウ酸化細菌の共生進化は、それとはレベルが違います。チューブワームの中にいるイオウ酸化細菌の重量の合計は、しばしばチューブワームの全体重の半分以上（！）を占めています。なかには体重の7～8割がイオウ酸化細菌の重さというチューブワームもいます。こうなるともう、どちらが「本体」なのかわかりません。

また、人間と共生する腸内細菌が棲んでいるのは腸管の表面であり、組織内にまでは入り込んでいませんが、チューブワームは自分の細胞の内部にイオウ酸化細菌を取り込んでいます。もし人間が同じことをしたら、たちまち感染症を起こして死んでしまうでしょう。チューブワームはまさに、別の生物との「合体」に成功した稀有な動物なのです。

これは共生進化という特殊な事例ですが、一般的な「共生」の関係にまで範囲を広げても、生物どうしがここまで完璧に協調関係を築いた例を、少なくとも私はほかに知りません。

生物界に出現する「第3のカテゴリー」

この共生進化を成り立たせる最大のポイントは、いま述べたようにチューブワームが感染症を起こさないことにあります。これは実に不思議なことです。ヨーロッパでは、バイオメディカル（生物医学）の研究機関がチューブワームをモデル生物にして感染症が起きない理由の研究を始めたほどで、そのしくみが解明されれば人間の医学にも役立つでしょう。

考えられる仮説としていちばんわかりやすいのは、イオウ酸化細菌がチューブワームの親から子へ、卵子を介して継承されているという理由でしょう。個体発生時にはすでに、体内にイオウ酸化細菌が棲んでいるために感染症が起きないという考え方です。そのため生物学者たちはチューブワームの発見直後から、卵子の中にイオウ酸化細菌がいることを明らかにしようとしてきました。しかし、いまだにそれに成功した研究者はいません。

もし卵子に含まれていないとすれば、チューブワームの個体発生後のどこかの段階で、細胞内に入り込むことになります。だとすれば、それは生まれてすぐの幼生のときでしょう。チューブワームの成体には口がありませんが、幼生には口のような器官があるからです。そこから海中の微生物を吸い込んで、イオウ酸化細菌だけを選別するのではないかとも考えられています。

しかしミトコンドリアも葉緑体も、最初は種の異なる細胞に外部から侵入しましたが、いまは「宿主」の生殖細胞に居座ることに成功し、そのまま親から子へ受け継がれています。だとすれば、チューブワームで同じことが起きても不思議はありません。イオウ酸化細菌がいまのところ、チューブワームの卵子の中にはまだ見つかっていないのは、現在のチューブワームはまだ「完成形」ではない、つまりこの生き物がまだ進化の途上にあるからだろうと私は考えています。

すでにイオウ酸化細菌とのみごとな協調関係を実現しているチューブワームですが、いずれはもっと本質的な意味での「合体」を実現し、卵子経由でイオウ酸化細菌が継承されるようになるかもしれません。つまり、真のキメラになるわけです。それは1万年後か、1億年後かはわかりませんが、その可能性は高いと考えられます。

ではそうなったとき、チューブワームという生物はどこに分類すればよいのでしょうか。

さきに述べたように動物と植物は、細胞内に存在する外来バクテリアの種類で区別されます。ミトコンドリアだけをもつものは動物、ミトコンドリア＋葉緑体をもつものは植物です。チューブワームの場合、現時点では「ミトコンドリアだけ」なので動物ですが、そこにイオウ酸化細菌が加わると、動物と同じというわけにはいきません。とはいえ「ミトコンドリア＋葉緑体」という植物の条件にもあてはまりません。とすると、動物でも植物でもない「第3のカテゴリー」に属する生物が出現することになるでしょう。

それはもはや、地球生命の進化史に新たなページを開く大事件といえます。その意味でも、チューブワームからは今後も目が離せないのです。

地球生命はいまなお完成したわけではなく、進化を続けています。ものを食べない動物と極限生物との、深海での完璧な協調関係は、そのことをまざまざと見せつけています。

「共生」とは似て非なる「寄生」

ところで、種の違う生物どうしの関係を表す言葉で「共生」と似たものには「寄生」がありま す。少し余談にはなりますが、この寄生の研究でも最近は面白いことがわかってきていますので、少し紹介したいと思います。

前章で、生物が陸上に上がるためには「海」を持ち込むことが必要だったと述べました。それが羊膜であり、卵であったわけです。しかし、生物の体内はそもそも、羊膜や卵に限らずとも、「海」であるともいえます。生命に必要な水分や栄養、適度な温度などが保たれているそこは、いわば「体内海」であり、ほかの生き物にとっても棲みやすい場所であることが多いのです。だから、ほかの生物の「体内海」に寄生しようとする生物はたくさんいます。ただし、ミトコンドリアの祖先やシアノバクテリア、イオウ酸化細菌の例とは決定的に違うのは、寄生する側だけが一方的に利益を得ることです。「宿主」にすればはなはだ迷惑な、いやな生き物なのです。

　その一つの例として、カタツムリに寄生する「ロイコクロリディウム・パラドクサム」という寄生虫（図4－10）を紹介します。

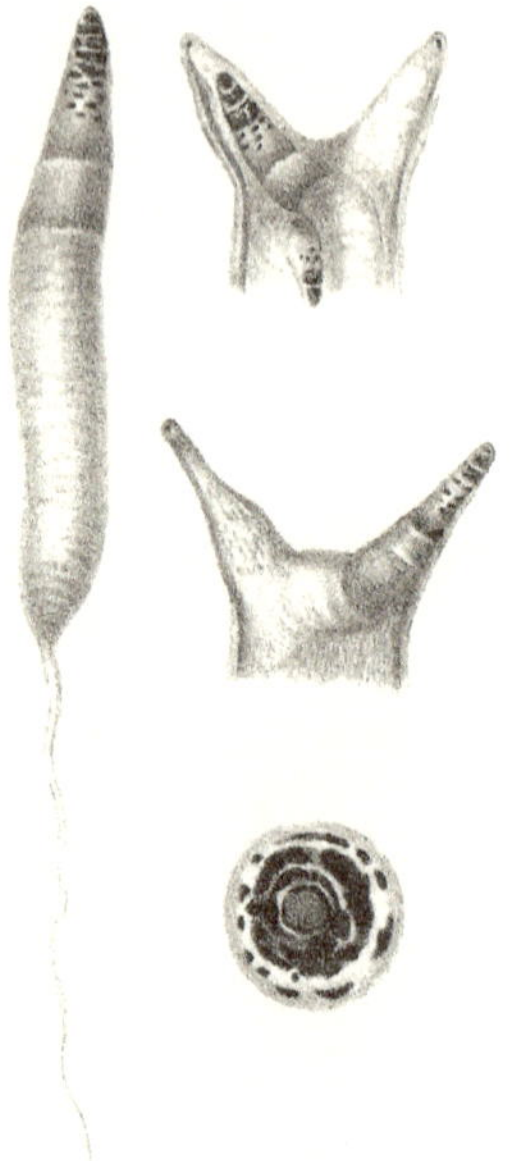

図4－10　ロイコクロリディウム・パラドクサム（左）と、寄生されたカタツムリの目（右3点）

　この寄生虫はカタツムリの体内に入り込むと、どんどん移動して、やがてカタツムリの目に到達します。すると、カタツムリの目の先端が赤っぽくなります。目が赤くなったカタツムリは、おかしな行動をとりはじめます。まるで何者かに支配されているかのように、どんどん木をよじ登って、高い枝の先端を狂ったようにめざすのです。先端にたどりついたカタツムリは、目が赤いのですぐに鳥に見つかります。鳥が四原色の色覚をもっていることは、前に述べました。哀れなカタツムリは、鳥に食われて死んでしまいます。しかし、体内にいた寄生虫は、鳥の体内でも生きつづけます。そして、鳥が遠くまで飛んで行ってそこで糞をすると、糞と一緒に脱出し、そこで分散して生活領土を広げるのです。寄生した相手が鳥に食われることを前提にするという、なかなか気持ち悪い進化をとげた寄生虫です。

そのほか、寄生には「多重寄生」という例もあります。寄生虫の体内もやはり「海」ですから、そこにさらに寄生虫が棲みつくというケースです。

現在、私たちが確認できている生物種の数は、大雑把にいって約200万です。しかし実際には、800万種から1000万種はあるだろうと考えられています。そのうちの8％の種は多重寄生をしているという推定もあります。いわば生物界には「体内海」という広大な海があり、そこをめざしてほかの生物がどんどん入ってきている、というイメージです。

それらは基本的には、入り込んだ側だけが利益を得るという殺伐とした関係ばかりです。しかし、その一方でいま、チューブワームとイオウ酸化細菌との「共生進化」も、深海で静かに進行しているのです。

地球生命の系統は「たった一つ」

遺伝子にプログラミングされている「協調性」が、「第3のカテゴリー」を生みだす——最新の進化論が描きだす地球生命の未来図は、実にエキサイティングです。ダーウィンが19世紀に初めて唱えた進化論は、いま、ここまできています。進化論も「進化」しているのです。

しかし、過去から現在にいたるまで変わらない、進化論の「泣きどころ」もあります。それはあくまで「論」にすぎないことです。生物の進化が突然変異と自然淘汰によって起きることは、大腸菌などの目に見えないほど小さな微生物では実験的に確かめられつつありますが、目に見える大型生物では「これだ！」と確かめられた例はまだほとんどありません。だから「進化学」ではなく「進化論」と呼ばざるをえないのです。

そのため、進化論など「信じられない」「嫌いだ」と否定されてしまうと、納得してもらえるような説明をすることは容易ではありません。よく知られているように、米国などのキリスト教の影響が強い社会には、進化論を学校で教えることに反対する人々もいます。だからこそドーキンスもいわゆる「創造論者」に対して一生懸命に進化論の正しさを説いているわけですが、議論はなかなか嚙みあいません。「信じられない」「嫌いだ」という人に対しては、こちらも「自分は信じている」「自分は進化論が好きだ」といいがちになるからです。

実際に、私は進化論が好きです。なぜならこれを正しいと考えたほうが、生物についての多くのことをうまく説明できるからですが、それだけではありません。私が進化論を好きなのは、これを正しいと信じると、地球上のすべての生物が——バクテリアから人類に至るまで——一つにつながっていると考えることができるからです。

もしも最初にこの世界をつくった「創造主」がいたとして、いま地球にいる多様な生物がすべて、彼の手によって一つひとつ、同時に創造されたのだとすれば、バクテリアやイソギンチャクやカメやキリンと、人類のあいだには何のつながりもありません。しかし進化論では、これらの生物はすべて、たった一つの系統から枝分かれして生まれたものだと考えます。40億年前に生まれた最初の生命体が、さまざまな変異を遂げて進化した結果、現在のような多様な生命が生まれたと考えるのです。すると当然、どの生物も祖先をたどれば同じ「共通祖先」にたどり着きます。いわば親戚のようなものです。ダーウィンの直筆になる「進化の樹」という図には、一つの系統からさまざまな種が枝分かれするさまが描かれています（図４－11）。

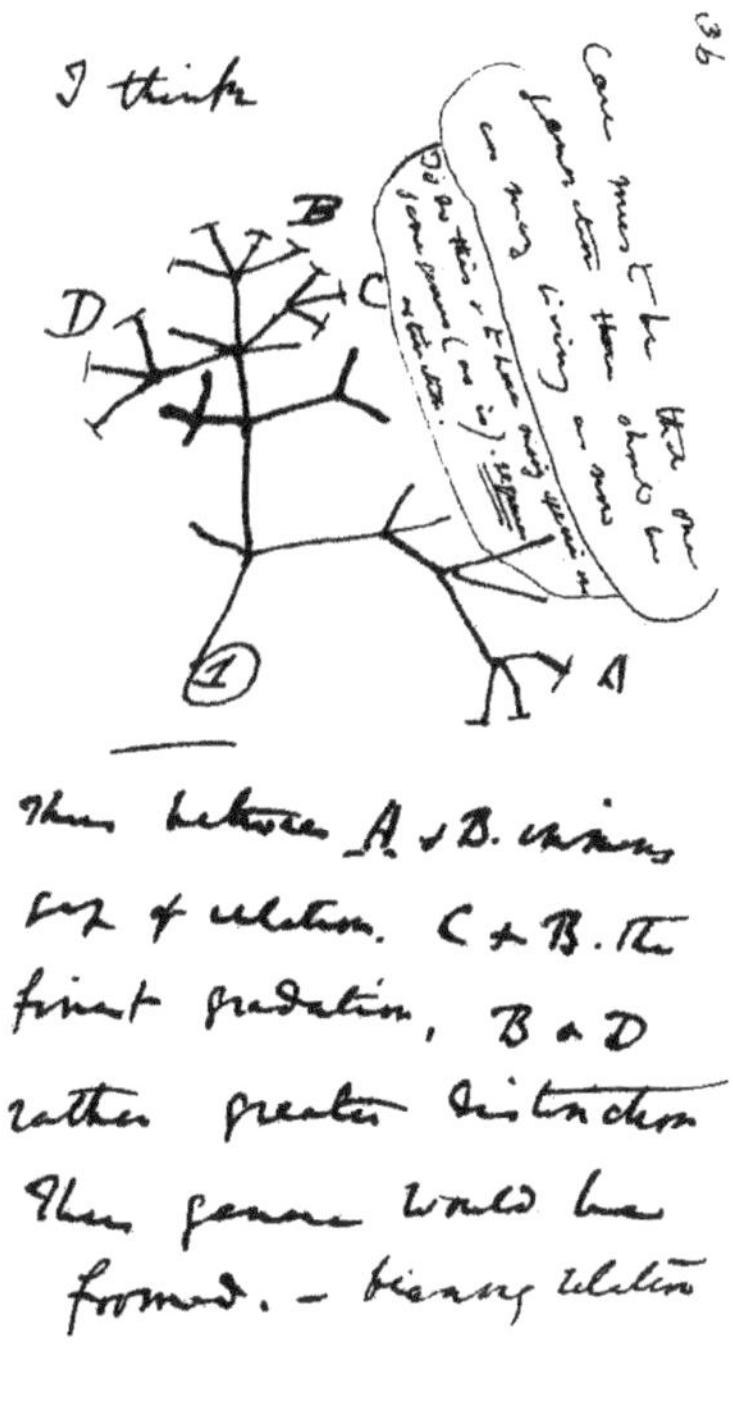
I think
B
C
D
1
A

図４－11　ダーウィンが描いた「進化の樹」

　もちろん、40億年前に誕生した生命が1種類だけだったとはかぎりません。むしろ、同時多発的にいくつかの生命が登場した可能性のほうが高いでしょう。そのため以前は、現在の地球生命には複数の系統があるという考え方もありました。しかし現在では、その考え方は否定されています。かりに複数の系統が同時多発的に生まれたのだとしても、現在まで生き残っているのは、ただ一つの系統だけであると考えられるようになったのです。

その根拠となっているのが、遺伝子の研究の進歩です。地球上には、現在知られているだけで２００万種ほどの生物が存在していますが、おそらくそのすべての遺伝子が同じ物質——ＤＮＡ（デオキシリボ核酸）でできています。２００万種の遺伝子をすべて調べたわけではありませんが、ＤＮＡと違う物質でできた遺伝子をもつ生物は、これまで一つも見つかっていません。

また、生物の体をつくっているタンパク質とはアミノ酸を組み合わせてつくられているものですが、アミノ酸の種類もすべての地球生命に共通しています。原始的なものから高等なものまで、これまでに調べられた生物のタンパク質はすべて、20種類のアミノ酸からできています。アミノ酸を30種類もつ生物も、10種類しかもたない生物も見つかっていません。

遺伝子やアミノ酸は生命の根幹に関わるものです。そこにこれだけの共通点がある以上、いまいる生物はすべて同じ系統であると考えるしかないのです。

もしかしたら過去には、異なる物質でできた遺伝子をもつ生命や、違う種類のアミノ酸をもつ生命も存在していたのかもしれません。しかし、もし存在していたとしても、おそらく早い段階で死に絶えてしまったのでしょう。生命誕生以来、40億年間を生き延びてきたのは、ＤＮＡでできた遺伝子と、20種類のアミノ酸をもつ系統だけである——それが現在ではもっとも妥当な考え方となっているのです。遺伝子などについての新しい研究成果が、進化論に理論的根拠を与えたわけです。

脊椎動物の祖先

ダーウィンの進化論に感銘を受けて生物の系統の研究に没頭したドイツのエルンスト・ヘッケルは、「生命の樹」という図を遺しています（図4-12）。これを見ると、いちばん下（最初の生命）から分かれた枝のすべてがいちばん上（現在）まで続いているわけではありません。多くの枝が、はるか昔に途絶えていることがわかります。これは、途中で死に絶えてしまった系統もたくさんあるということです。

この樹形図を見ていると、私たち人類も含め、いま地球上に存在しているすべての生物種は、途中で絶えることなくいちばん上にたどり着くことができた「幸運な系統」の末裔であることが実感できる気がしてきます。最近ではインターネット上の「ToL（Tree of Life）web project」というウェブサイトが、地球上のすべての生命を、一つの「樹」の上におくという計画を進めています（http://www.tolweb.org/tree/）。

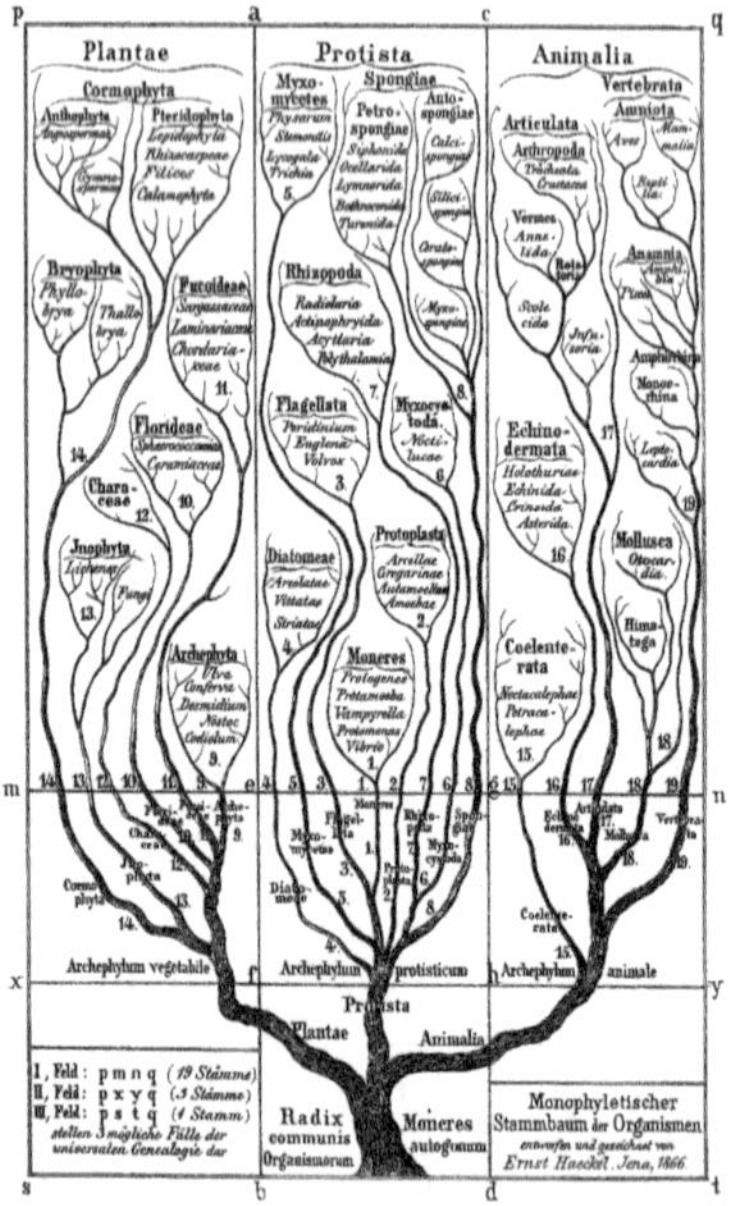
Plantae
Protista
Animalia
Cormophyta
Vertebrata
Archephylum vegetabile
Archephylum protisticum
Archephylum animale
Radix communis Organismorum
Moneres autogonum
Monophyletischer Stammbaum der Organismen
Ernst Haeckel. Jena, 1866.
図4－12　ヘッケルが描いた「生命の樹」

ここで、私たち人類という生物は、この樹のメンバーの一員として、どのようなプロセスを経て進化した結果なのかを考えてみたいと思います。ただし、樹のいちばん根っこからたどるのは大変なので、「脊椎動物」の起源あたりから話を始めることにしましょう。脊椎動物とはみなさんもご存じのとおり「背骨のある生物」です。

脊椎動物の先祖は「尾索動物」と呼ばれる生き物でした。体の後ろのほう（つまり「尾」の方向）に「脊索」といわれる部分をもつ仲間です。脊索とは体の主軸に沿って棒状に走る柔軟性のある組織のことで、これが脊椎動物の背骨の原型になりました。

この仲間でみなさんがいちばんよく知っている生物は、おそらくホヤ（図4－13）でしょう。その形状から「海のパイナップル」などといわれますが、ホヤの全体のしくみは急須やティーポットに似ています。お湯を注ぐ大きな口があり、途中に茶漉(ちゃこ)しがあって、最後にお湯を出すところがあるように、ホヤも大きな口から水を吸い込み、フィルターにかけてプランクトンなどを漉しとって食べ、水を外に吐き出しています。その構造は、かなり単純なものといえるでしょう。

尾索動物がいれば「頭索動物」もいます。これは頭から尾にまで脊索がある動物で、たとえばナメクジウオ（図4－14）がそうです。名前にウオとついていますが、まだ背骨ができていないので魚類ではありません。ナメクジウオの生息地の中には、国が天然記念物に指定したところもあります。三河湾の三河大島付近（愛知県蒲郡市）や瀬戸内海の有竜島付近（広島県三原市）です。

図4－13　尾索動物のホヤ

さて、脊索が体全体に伸びて背骨となったものが、脊椎動物です。背骨をもった最初の動物は、「円口類」でした。たとえばヤツメウナギ（図4－15）です。名前に「ウナギ」とありますが、ウナギ類ではありません。「ヤツメ」の由来は目が八つ（体の片側に八つ、両側で8対）あるように見えるからですが、実際には目は1対だけで、残りの7対はエラ（鰓孔(さいこう)）です。

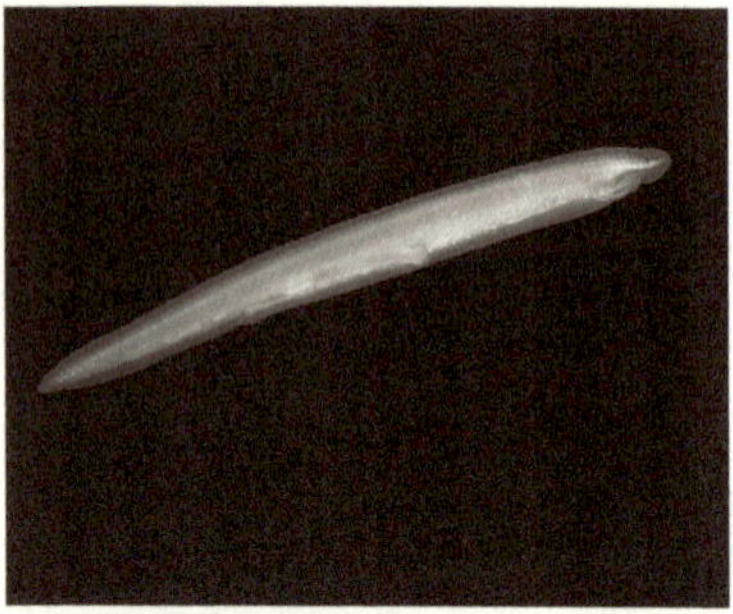

図4－14　頭索動物のナメクジウオ

図4－15　円口類のヤツメウナギ

背骨が完成したことをもって円口類を「魚」と呼べるかどうか、そこはわりと微妙なところです。あるものを何と呼ぶかは人間が恣意的に決めることなのでどちらでもいいとは思うのですが、個人的には「魚」とは呼びたくないところです。たしかに脊椎動物であるという点では魚類っぽいのですが、円口類にはまだ「顎」がないからです。それに対し、顎のある動物は私たちヒトも含めて「顎口類」とまとめることがあります。

顎をもって魚類らしくなり、最初の脊椎動物を彷彿とさせる現生の魚は、サメ（図4－16）です。出現したのは4億年ほど前と、かなり古いのですが、それからいままでほとんど形態が変わっていない「生きた化石」でもあります。なお、サメの口のまわりには裂け目（鰓裂）が七つあるものがいますが、これはヤツメウナギの口のまわりにエラが７対あるのが継承されたものかもしれません。

この魚類から、次に現れるカエルやイモリなどの両生類までは、生物は「水」から離れることができませんでした。両生類の場合、成体は陸上で生活できたとしても、卵は水中に産みます。例外として、天然記念物になっている日本のモリアオガエルは陸上で産卵しますが、産みつける場所は自分で吐き出した泡の中です（図４－17）。やはり「水」から離れることはできていないのです。

さきほども述べましたが、卵の中に「海」をもたせることで陸上進出をはたしたのが、爬虫類でした。そして、羊膜というかたちで体内に「海」

図４－16　顎をもって脊椎動物らしくなったサメ

図４－17　木の枝に産みつけられたモリアオガエルの卵　©Alpsdake

をもって陸に上がった者が、人類の祖先でもある哺乳類に進化したわけです。

樹から降りた霊長類

爬虫類と哺乳類のうち、陸上に進出した当初、優勢だったのは爬虫類でした。やがて地球生命は恐竜の時代を迎え、哺乳類はその間、夜陰に乗じて恐竜の卵をかすめとったりしながら、細々と生きていました。爬虫類の色覚が四原色なのに多くの哺乳類が二原色なのは、もともと夜行性だったためと考えられます。明暗の区別さえつけば、色の識別はさほど重要ではありません。

しかし6500万年ほど前、おそらくは巨大隕石の衝突という偶然の天変地異によって、恐竜は絶滅します。いなくなった恐竜の生息場所（ニッチ）をわがものにした哺乳類は、大繁栄のチャンスを迎えたわけです。その中から、突然変異によって「三原色」の色覚を獲得したのが霊長類でした。三原色は「樹上生活」という環境には有利にはたらき、霊長類は順調に子孫を残し、進化を続けていました。ところがあるとき、霊長類の中で、快適な樹上生活に別れを告げて地上に降りた者たちがいたのです。

せっかくの色覚におけるアドバンテージを捨ててまで、なぜ彼らは地上に降りたのでしょうか。それはおそらく、彼らが暮らしていたアフリカ大陸で、環境が大変動したためであろうと考えられます。

それ以前から、アフリカ大陸の直下ではマントルの上昇流が発生し、そのため大陸の中央部が隆起しました。これによって気候が変わり、赤道アフリカの東側は乾燥しやすくなったために、安全な棲みかと豊富な食糧を約束してくれていた熱帯雨林が消えて、サバンナ化してしまったのです。これが、彼らが樹から降りざるをえなくなった理由で、それは、いまから600万年ほど前のことだったと考えられています。

　地上に降りたことで、彼らを取り囲む環境圧に変化が起きました。そのため、子孫をより多く残すための条件も変わってきます。にわかに、「直立二足歩行」ができる個体が有利になったのです。その理由として考えられるのは、次の二つです。

　一つめは、肉食猛獣の脅威にさらされるサバンナでは、直立して目線を高くしたほうが、より遠くの外敵を見つけられること。二つめは、チンパンジーのようなナックルウォーク（拳を地面につける歩き方）よりも直立二足歩行のほうがすばやく移動できて行動範囲が広がるため、広大なサバンナでの狩猟生活に適していたことです。

　そして彼ら、樹から降りた霊長類こそが、「ホモ属」と呼ばれる人類の祖先となったのです。

人類の系統も「ただ一つ」

さきほど地球生命の系統について述べましたが、かつては人類も、地球の各地で同時多発的に

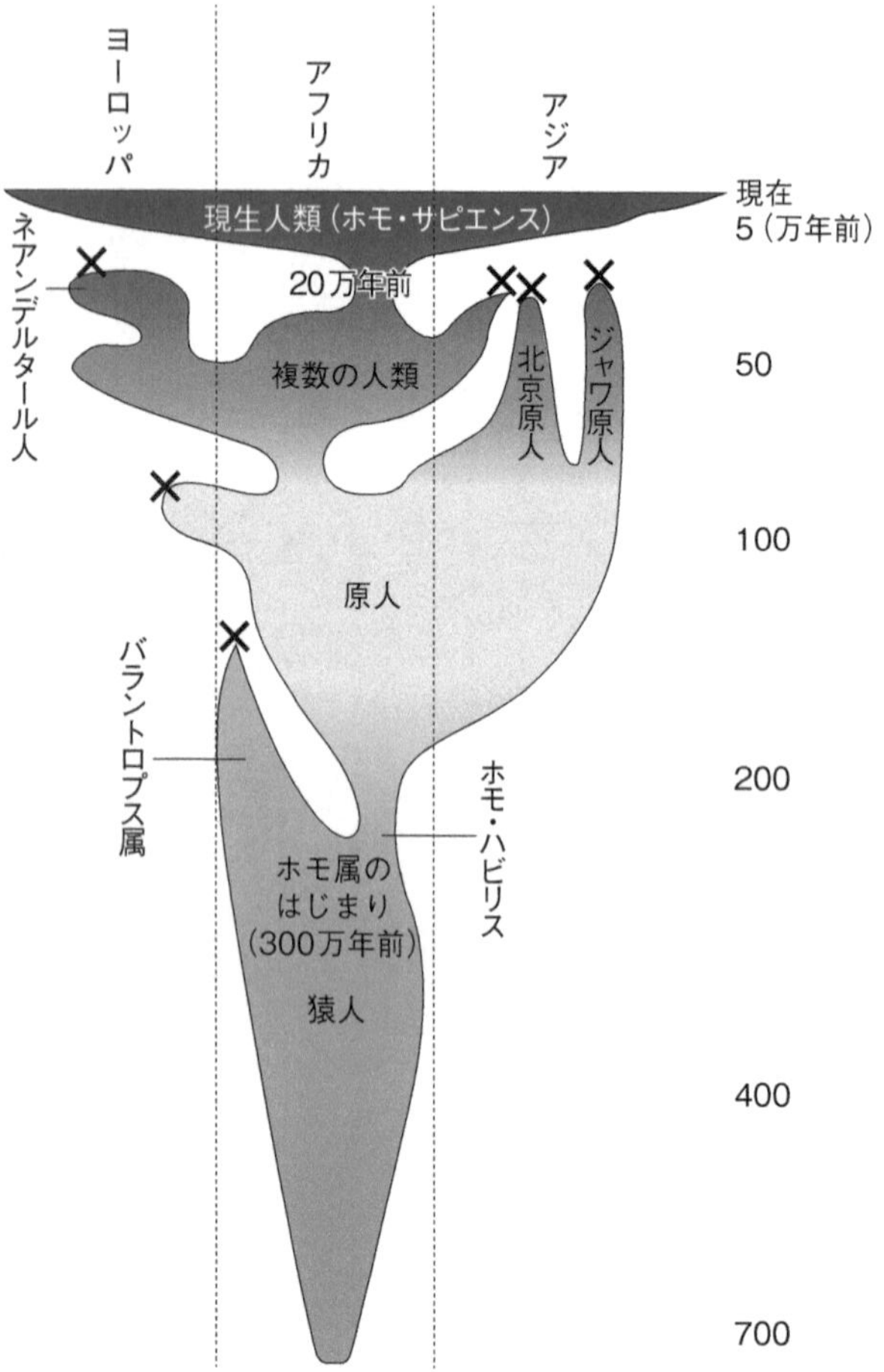
ヨーロッパ
アフリカ
アジア
現生人類（ホモ・サピエンス）
現在
5（万年前）
ネアンデルタール人
20万年前
複数の人類
北京原人
ジャワ原人
50
100
原人
バラントロプス属
200
ホモ・ハビリス
ホモ属のはじまり（300万年前）
猿人
400
700

図4－18　人類の祖先からホモ・サピエンスまでの系統図。ホモ・サピエンス以外はすべて絶滅した

誕生し、複数の系統が現在まで生き延びていると考えられていました。

たとえば現在のアジア人のルーツは北京原人であり、白人のルーツはネアンデルタール人、黒人はアフリカで生まれた原人の末裔である——といった見方が根強かったのです。だとすれば、いま地球のほぼ全域に広がっている人類のさまざまな民族どうしは、生物学的にはあまり近いものではないということになります。「人種」という言葉そのままに、白人と黒人と黄色人種は別種の人類であるという考え方にもつながるでしょう。

しかし現在では、この見方は否定されています。たしかに「ホモ属」からは、いくつかの原人が枝分かれしましたが、いま生き残っているのは、アフリカで発生した「ホモ・サピエンス」だけであることがわかったのです（図４－18）。そのほかの、北京原人やネアンデルタール人などの系統はすべて絶滅しました。つまり現生人類は、白人も黒人も黄色人種も、すべて同種の系統なのです。

われわれ現世人類ホモ・サピエンスがホモ属において独立した種として確立したのは、およそ20万年前のことと見られています。彼らの一部は、７万年ほど前に故郷のアフリカから外へ出ていきました。地球は11万年ほど前から１万年ほど前まで、氷期を迎えていました。アフリカも寒冷化によって乾燥が進み、水不足や食糧不足に直面したのでしょう。彼らが生きる場所を求めてアフリカを出たからこそ、現生人類はほぼ地球全体に広く生息しているのです（図４－19）。

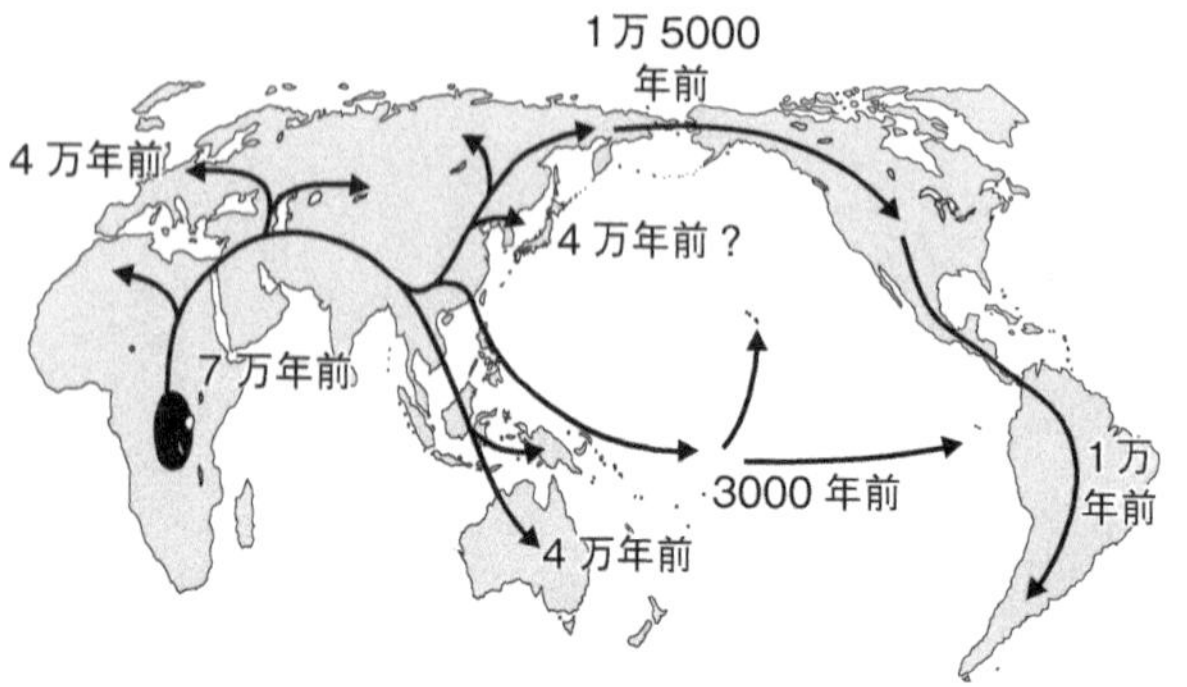
1万5000
年前
4万年前
4万年前？
7万年前
1万
年前
3000年前
4万年前

図4－19　アフリカを出たホモ・サピエンスの世界への拡散

アフリカを出た当時のホモ・サピエンスの全人口は、1万人程度だったと推定されています。厳しい逆境にさらされれば、一瞬にして滅んでも不思議ではない数です。実際、北京原人やネアンデルタール人などのホモ属は絶滅しています。わずか1万人のホモ・サピエンスが頑張って生き延び、子孫を残しつづけてくれなければ、現在の私たちが70億人を超えるほどにまで繁栄することはなかったのです。

人類がもってしまった「力」

しかし、いま繁栄している生物種が、これからも繁栄を続けられるという保証はどこにもありません。どれほど繁栄した種でも、大きな環境変動ひとつで滅んでしまう可能性があることは、恐竜の例が示しています。生き延びるためには、さらなる進化が求められるのです。

では、ホモ・サピエンスはこれから、どのように進化するのでしょうか。いや、「進化すべき」なのでしょうか。

もちろん突然変異はランダムに起こるものです。それを予測することなどはできないことは、ここまで私自身が繰り返し述べてきました。たまたま出現したさまざまな変異体のうち、環境圧に耐えたものだけが生き残り、進化することができる。これは生物進化の鉄則です。

しかし、人類の進化は、ほかの生物の進化と同列に語ることはできないと私は考えています。ホモ・サピエンスとは、「賢いヒト」という意味です。その名のとおり、私たちにはほかの生物種とは比較にならない高い「知能」が備わっています。そのおかげで私たちは、自分たちが生物の一種であり、40億年をかけて単細胞生物からここまで進化した存在であることをつきとめることができました。私たちは、生物が進化することを知っているのです。この地球上に、そんな生物はほかにいません。

だとすると、何ができるでしょうか。

おそらく人類の知能があれば、これまで「偶然」にまかせるしかなかった進化を、目的をもった「必然」に変えることができるはずです。私たちは地球生命史上で初めて、自分たちの進化の方向を自分たちで決められる可能性をもった生物なのです。

これは決して机上の空論ではありません。それに近いことはすでに、現実におこなわれています。たとえばナチス政権下のドイツでは、アーリア系民族を世界一優秀な民族にすると称して、優生政策が実施されました。ユダヤ人の絶滅を企てただけではなく、長身で金髪碧眼の男女を集めて強制的に結婚させることで「ドイツ民族の品種改良」を試みたともいわれています。

このような優生思想は、過去の遺物でもありません。「遺伝的な優劣」という意味での優生学を法制化した国こそないものの、性犯罪者などに子供をつくらせない制度をもうけるべきかどうかは議論されたことがあります。また、着床前診断や出生前診断が発達して出産前に先天的異常を発見できるようになったため、選択的に堕胎されるケースも現実にあります。もはや私たちは、「どの個体を残すか」を自然選択にまかせず、みずからコントロールできる力をもってしまっているのです。

いうまでもなく、その是非についてはさまざまな議論があります。しかし、いずれにしても人類はもう、すべてを自然にまかせることはできなくなっていると考えるべきです。

ならばいっそのこと、その力を人類全体の発展に有効な方向に使うことを考えたほうがよいのではないでしょうか。

たとえば人類は、みずからの「行動」によって絶滅を招く危険をはらんでいます。その行動とは、戦争です。同種間で殺しあい、滅ぶことなど、ほかの生物ではまずありえませんが、人類にだけはそのおそれがあります。それを回避するために、「協調性の遺伝子」を意図的に保護するというのも一つの方法でしょう。高い協調性をもつと思われる個人がいれば、その子孫を多く残せるような施策を意図的に実行すれば、やがて人類はそちらの方向に進化するかもしれません。さらにいえば、いつかはホモ・サピエンスとは違う「新しい種」として確立することになるかもしれません。ローマ神話に登場する平和と秩序の女神パックスにちなんで、私が「ホモ・パックス」（平和なヒト）と呼んでいる「仮想の新人類」の誕生です。

あるいは「ホモ・ホスペス」（おもてなしのヒト）もいいですね。2020年オリンピックの東京への招致が成功した理由のひとつとして、「おもてなし」をアピールしたことがよく挙げられます。おもてなしは日本らしさの顕れであるというわけです。しかし、「おもてなし」の心は日本だけでなく、世界中の人々の心に普遍的なものだろうと私は思います。

おもてなし——英語ではhospitalityでしょうか。その語源はラテン語の「ホスペス」（*hospes*）です。この言葉にはもともと「ホスト」と「ゲスト」の両方の意味が含まれているほか、なんと「ストレンジャー」（見知らぬ人）や「エネミー」（敵）という含意まであるとのこと。つまり、敵対関係にある者さえも「おもてなし」して友好な関係にしようという、実に度量の大きい意思が背景にあるのです。せっかく東京でオリンピックを開催するなら、日本らしさの「おもてなし」なんて狭量なことをアピールせず、世界中の人々の心にある「ホスペス」の心に訴えかけて世界平和のメッセージを発信したほうがいいでしょう。そして、「ホモ・ホスペス」をめざしてともに進化しましょうよ——と。

いずれにせよ、私たちはもう、そうしたことを考えてもいい段階にまできています。遺伝子に注目して進化とは何か、生命とは何かを考えていくと気づかされるのは、人類が到達した現在の状況は、進化の支配下、すなわち、遺伝子の突然変異と環境圧による淘汰の支配下にあるのではなく、もはや自分たちで自分たちの遺伝子を改変し、環境圧の方向性をコントロールすることもできるようになったということです。つまり私たちは地球生命史で初めての、自分で自分の進化を左右できる生物になったということです。

だからこそ、私たちはどういう存在に進化したいのかが、私たち自身の徳の高さや矜持が問われるのだと思います。

LIFE

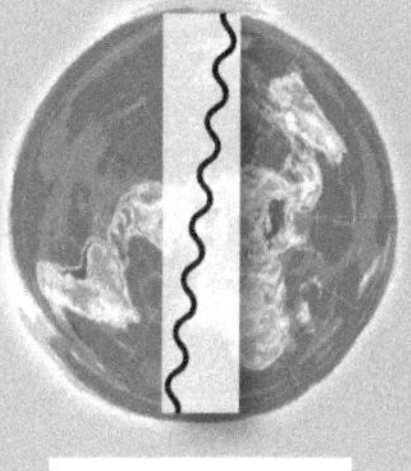

第5章 宇宙にとって生命とは何か

「物質としての生命」の謎

「生命とは何か」という問いについて、「極限」「進化」「遺伝子」というキーワードからさまざまな例をもとに考えてみました。ここまでをお読みになって、「生命」という言葉でみなさんが喚起されるイメージは、この旅を始める前と比べてどのように変わったでしょうか。

私自身があらためて感じさせられるのは、地球生命が実に「たくましい」ということです。まず「極限」から生命をみれば、小さな微生物たちはきわめて過酷な環境に耐えることができます。地球上ではありえない条件でさえ死なない生物が存在することは、大きな驚きです。ただ、それは、ある特殊な条件にだけ耐えられるように進化したスペシャリストのようにも思えました。高温に強いものは低温に弱いとか。しかし、ハロモナスのような、さまざまな環境ストレスに適応できるジェネラリストもいます。広範囲な塩分変化に強いものは乾燥にも、紫外線にも、酸・アルカリにも強いということがわかってきました。

次に「進化」から生命をみれば、突然変異は必ずしも生物にとってありがたいものばかりではないことがわかりました。むしろキリンの首やカメの甲羅のように、最初はその個体を生きにくくしてしまうものが多い。それでも彼らは「もって生まれたカタチで、なんとか頑張る」ことによって、環境圧に耐えて子孫を残してきました。

そして「遺伝子」のレベルで生命をみれば、そうした突然変異は生物の都合などまったく考えない、完全にランダムなものであることもわかりました。少しでもネガティブな方向に針が振れれば、生命は地球上からいつ滅び去ってもおかしくなかったのです。にもかかわらず40億年ものあいだ、地球生命は一度も途切れることなくバトンを次代に伝え、「生命の樹」のリレーをつなげてきたわけです。これは大いに驚嘆すべきことです。

しかし、そもそも第1章で述べたことを思い出せば、生命とはそんなに強い存在とはとうてい思えないものでした。「物質」としてみればきわめて不安定な炭素化合物であり、これが安定して存在するには、還元状態になるか、酸化状態になるしかありません。つまり、還元されてメタンに行き着くか、酸化されて二酸化炭素に行き着くか、そのどちらかでしか安定することがないのです。

たしかに「死」を迎えれば、それぞれの個体は還元されてメタンになったり、酸化されて二酸化炭素になったりします。しかし、それが「生命」であるかぎりはどちらにもなりません。そして個体が死んだあとも、遺伝子は次代に受け継がれ、また不安定な炭素化合物としての存在は続きます。そんな危ういリレーが、40億年間も続いてきたのです。

このことを、いったいどう考えればよいのでしょうか。「物質」の常識にあてはめてみていたのでは、生命のこのような存在のしかたは説明がつきません。言い換えれば、このような存在のしかたにこそ、ほかの物質とは違う生命の本質があるのでしょう。この最終章では、不安定なはずの生命がなぜこれほどまでに強靱なのかを探りながら、「生命とは何か」についてもう一度考えてみます。

10年前の借金を返す義務はあるか?

生命の体がほかの物質と大きく異なっているのは、一定の時間が経つと中身がすべて入れ替わるという点でしょう。

たとえば自動車(でもテレビでも掃除機でも何でもいいのですが)のような機械は、補修や部品交換などをしないかぎり、ずっと同じ物質でできています。使われている材料が劣化することはありますが、物質が分子や原子のレベルで入れ替わることはありません。

しかし、生命は違います。生物の細胞は、つねにリフレッシュされています。これを「代謝」あるいは「新陳代謝」といいます。たとえば私たち人間の体を構成する分子や原子も、1年前と物質的にはほとんど入れ替わっています。10年も経てばまったく入れ替わっているといってよいでしょう。「唯物論的」にいえば、まったくの「別人」なのです。

だから、かりに私が10年前に誰かから借金をしていたとして、現在の「別人である私」にはそれを返す義務はないという理屈も、唯物論的には成り立ちます。すると、昔の自分と現在の自分は物質的に違う人間だから、飲み屋のツケを払う義務はない、と主張したくなる人もいるのではないでしょうか。

残念ながら、その主張は世間的には認められないでしょう。物質は完全に入れ替わっていても、両者は同一人物であると世間一般は認定するからです。これは、世間一般が唯物論を公然と否定している、とみることもできます。世間一般の社会常識に照らせばもちろん当然ですが、不思議といえば不思議な話にも思えてきます。

もちろん、私はこの社会常識を批判したいわけではありません。いやむしろ（当然ではありますが）積極的に支持したいと思います。まさに世間一般の判断どおり、生物にはただの唯物論が通用しません。ただの物質だと考えているかぎり、生命の本質はわからないのです。

では、物質的に完全に入れ替わっているにもかかわらず、10年前の私と現在の私が「同じ個体」とみなされるのはなぜでしょうか？

「渦巻き」としての生命

その理由として「意識」や「記憶」というものの存在を考える人もいると思います。あるいは「魂」という言葉を想起する人もいるかもしれません。

しかし、ここで大切なのは、かりに意識や記憶や魂などがなかったとしても、10年前の私と現在の私はやはり、一つの「物体」として同じものだとみなされるということです。

私の体は60兆個の細胞でできていて、個々の細胞はつねに代謝でリフレッシュされているのに、全体としては私が私であることに変わりはない。それは、当時と現在とで私の意識や記憶が同一だからではありません。そこに現れている「パターン」が同一だからです。

といわれても、どういうことなのかピンとこないでしょうが、これはそんなに難しい話ではありません。「パターン」という考え方がよくわかる現象は、私たちの身近なところにもあります。海や川などの、水の表面に生じる「渦巻き」です。

渦巻きをかたちづくる水は、ひとときも止まっていません。つねに動きつづけています。つまり、渦巻きの「中身」である水の分子は、刻一刻と入れ替わっています。ところが、渦巻きそのものはつねに、そこに存在しつづけています。それを見る私たちも、10秒前の渦巻きと現在の渦巻きが違う渦巻きだとは思いません。水の流れが止まって消えてしまうまで、それはずっと同じ渦巻きです。

これは、それをつくっている物質そのものではなく、物質がたえず入れ替わりながらつくっている「パターン」が渦巻きの正体であるという認識を私たちがしているからでしょう。

生命体も、それと同じなのです。つねに物質が出入りしている私たちの体とは、ある意味では「渦」のようなものです。出入りしている物質そのものではなく、それが形成しているパターンが、個体の「同一性」を支えているのです。たとえば顔の目鼻立ちや背格好などの外見から、内臓の機能のしかた、思考や認知の癖に至るまで、その人を特定するさまざまな特徴の集積がその人のパターンであり、それらは、構成する物質が入れ替わっても保持されるものです。いわば私たちは一人ひとりが、違ったパターンをもつ渦巻きなのです。

そして、これはすべての生命についてもいえることです。考えてみれば、この宇宙には渦巻きがあふれています。差し渡し100万光年にもなる銀河系という、実体としての渦巻き構造もあれば、わずか1マイクロメートルしかないバクテリアもまた、比喩的な意味での渦巻きなのです。

生命はエネルギーの高低差によって生じる

ゆく河の流れは絶えずして、しかももとの水にあらず。よどみに浮ぶうたかたは、かつ消えかつ結びて、久しくとどまりたるためしなし。

これはいまから800年ほど前に鴨長明（図5－1）が書いた『方丈記』（1212年）の有名な一節です。とどまることなく動きながらも流れのパターンを変えない水の様子を、みごとに表現した文章だと思います。

これを「生命」の様子にあてはめてみると、こんな具合になるでしょうか。

ゆく生命の代謝は絶えずして、しかももとの細胞にあらず。惑星に宿る生命は、かつ消えかつ結びて、久しく蔓延（はびこ）るばかりなり。

これまた、生命という渦のありさまをうまく表せたと思っています。では、渦とはどのようにしてできるのかを考えてみましょう。

図5－1　鴨長明（菊池容斎画）

水は高いところから低いところに向かって流れます。その高低差がなければ、川の流れは生じません。流れがなければ、渦巻きも生じません。もし高低差がなくなって平らになれば、渦巻きも消えてしまいます。

川と違って高低差がないように見える海でも、たとえば鳴門の渦潮（図5－2）は、潮の満ち引きによって海峡の両側で水の高さが変わり、それによって流れが生じるからこそつくられま

図5－2　鳴門の渦潮

す。高低差がなくなれば、ときに直径30メートルにも達するあの渦潮も消えてしまうのです。

それと同じことが、「生命の渦」にもいえます。渦ができるには、やはり高低差が必要なのです。ただしそれは、水の高低差ではなく、エネルギーの高低差です。

第1章で述べたように、生命とは「エネルギーを食って構造と情報の秩序を保つシステム」です。ところが、エネルギーは入ってくるばかりではありません。私たちはものを食べる一方で、呼吸によって二酸化炭素を吐き出してもいます。ただし、エネルギーという観点でみると、食べ物と二酸化炭素は同じではありません。食べ物は高エネルギーであるのに対して、二酸化炭素は燃えカスのようなものなので、エネルギーが低いのです。そこでエネルギーの差し引きがプラスになり、周囲との高低差が生じます。ここに、渦ができるわけです。

高いところから低いところに流れる川の途中に渦巻きがあるのと同様に、「生命の渦」もエネルギーが高いところから低いところへ向かう途中に存在しているのです。

だから「生命の渦」は、エネルギーさえ供給されていれば消えることがありません。そして地球上には、私たち人類だけでも70億個以上の「人間の渦」が維持されています。すべての生命を数えあげたら、どれだけの渦が消えずに動きつづけているのか見当もつきません。

それはそれで、生命にとっては結構なことなのですが——ここにひとつ、大きな問題があるのです。

生命は「最強原理」に矛盾するのか

第1章で紹介したシュレーディンガーによる生命の定義とは、

「生命とは、負のエントロピーを食って構造と情報の秩序を保つシステムである」

というものでした。このときに説明したとおり、「エントロピー増大の原理」とは何者も抗うことができない「宇宙最強の原理」です。

形あるものは、いつか壊れる——それがエントロピー増大の原理です。たとえば自動車やテレビや掃除機といった機械は、放っておけばやがて朽ち果て、整然とした部品の塊としての秩序を失ってバラバラになるでしょう。水中に広がった赤インクがもとの滴の形に戻ることがないのと同じように、それらの物体ももとに戻ることはありません。

ところが生命という現象においては、エネルギーが供給されるかぎり、情報と構造の秩序が維持されます。つまり、エントロピーは小さいまま維持されます。その時点で、宇宙最強の原理に真っ向から逆らっているのです。そんな矛盾した存在が、この自然界に存続していていいのか。生命という存在を、宇宙最強の原理と矛盾なく説明する方法はないのか。これが生命を考えるうえで避けては通れない、大きな問題なのです。

これについて、私は最近、このように考えています。

宇宙全体のスケールで考えると、エントロピーは原理のとおり次第に増大し、星や銀河といった形のある構造は失なわれてゆくでしょう。最終的にはエントロピーが極大化し、宇宙は秩序や構造のない「真っ平ら」な状態になってしまうでしょう。

ところが、エントロピーが小さな状態（秩序や構造がある状態）から、エントロピーが大きい「真っ平ら」な状態への移行は、ある「触媒」のようなものがあると速く進むことに気がつきました。それが「渦巻き」なのです。

このことは、風呂やビンに溜まった水を外に出すときのことを思い起こすと、イメージしやすいでしょう。水を張った湯船の栓を抜くと、水位が下がるとともに、排水口のところに渦が生じます。これは、そのほうが水が速く抜けるために生じる物理現象です。ビンの中の水を捨てるときも、ビンをぐるんと回して渦を巻かせたほうが、速く水が出ていくことは経験上、ご存じでしょう。これらの例で水を抜くことは、高いところから低いところへ水を流して高低差をなくす――つまり、位置エネルギーをなくしつつ（厳密にはエネルギーはなくならないので、運動エネルギーや熱エネルギーなど別の形のエネルギーに変換しつつ）、エントロピーを増大させることにあたります。つまり渦巻きが、エントロピーの増大を速めているのです。

そう考えると、「生命の渦」とは、宇宙全体のエントロピーの増大を加速するための仕掛けともみることができます。「生命の渦」がたくさん存在するほど、宇宙のエントロピーは速く増大すると考えることができるのです。

これは、実に皮肉なことといえるでしょう。

宇宙のエントロピーが最大になった状態は、「宇宙の熱的な死」と呼ばれます。すべてのエネルギーが「真っ平ら」な状態に均一化するので、そこには何の秩序も構造もありません。もちろん、エネルギーの高低差がなくなれば、「生命の渦」も消えてしまいます。つまり私たちは、一見すると宇宙最強の原理に抵抗しているように見えながら、実はそれに手を貸し、みずからの消滅を促していることになります。

端的にいってしまえば、「生命があったほうが宇宙は早く終わる」のです。

なんとも暗澹たる生命観といわざるを得ません。しかし生命を「渦巻き」としてとらえると、皮肉なことにそのような結論に至ってしまいます。極限生物から人類まで、さまざまな生物が逆境を乗り越えて40億年の進化を続けてきたのも、結局は最強原理に操られていただけのことだったのでしょうか。

だとすれば地球生命は、宇宙に咲いた「徒花」のようなもの、ともいえます。

生命とは散逸構造である

やや感傷的な話になってしまいましたが、ここで渦巻きという構造を、もう少し物理的な視点からみてみましょう。

渦巻きのように、水の高低差という位置エネルギーをなくしつつ（運動エネルギーや熱エネルギーにしつつ）真っ平らになる過程——エントロピーをさっさと増大させる過程——においてのみ、構造が維持されるものを「散逸構造」と呼びます。

「散逸」という言葉は、英語ではdissipation、形容詞はdissipativeといって、風に吹かれて煙が消えていく様子を指します。せっかくあった燃料が燃えて、煙になって環境に拡散してしまうようなことです。もし、風が渦を巻いたほうが煙が速く消えるなら、その渦が散逸構造です。

これにならえば、せっかくあった水の高低差（位置エネルギー）は、水が流下しつつ運動エネ

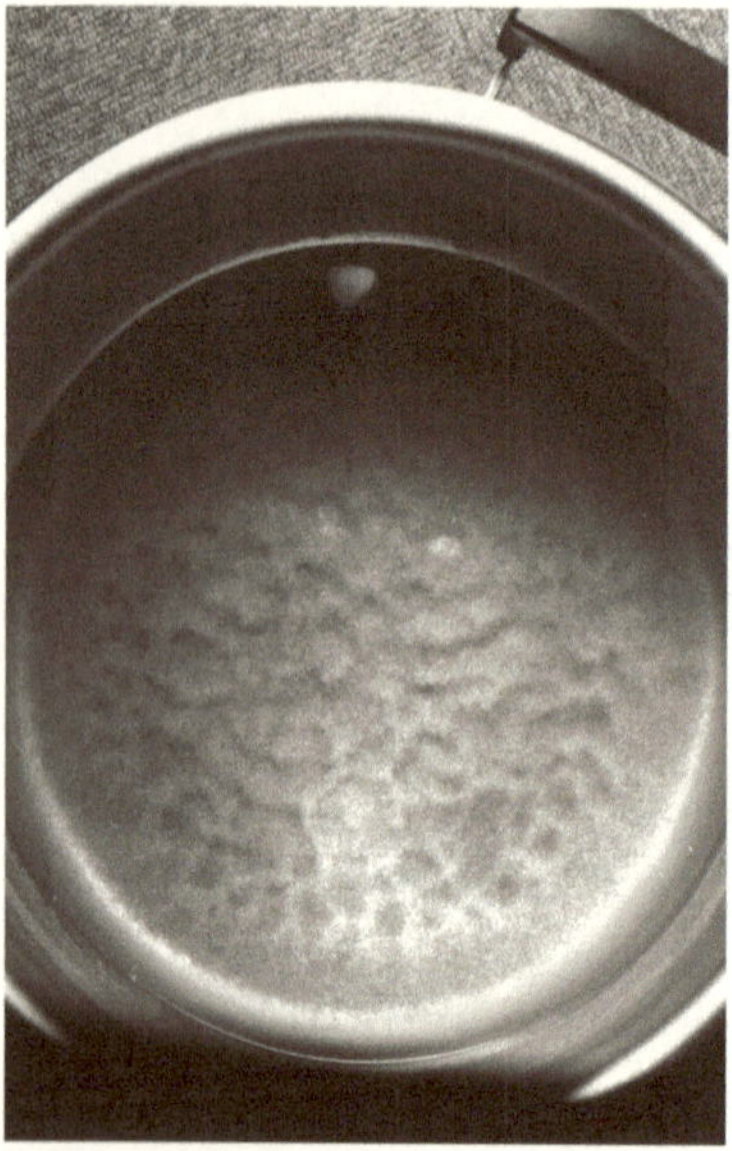

図5－3　味噌汁の表面に現れたプリゴジンの六角形
撮影：土屋貴章（オフィス303）

ルギーや熱エネルギーになり、熱は環境に拡散してしまうようなもの、といえるでしょう。したがって、散逸構造とは、位置エネルギーのように〝使えるエネルギー〟が熱として拡散してしまい〝使えないエネルギー〟になるための仕掛け、ともいえます。「エントロピーの神」の仕掛けといってもよいでしょう。

ここまで渦巻きの話ばかりしてきましたが、渦巻きのほかにも散逸構造のものはあります。たとえば「プリゴジンの六角形」がそうです。聞き慣れない言葉ですが、これは身近なところで見ることができます。

鍋で味噌汁をつくっているとき、味噌汁の内部から表面に、モワモワしたものが湧き上がってては沈むのが見えますね。それは対流によってできるモワモワです。その対流の上面が、味噌汁の表面です。対流の上面ですから、噴水を上から見たところをイメージすればよいと思います。水が噴き上がるのを上から見たらどうなると思いますか。円の中心から水が上がってきて、円周のところで下りていきます。これと同じものが、味噌汁の表面にも見えるのです。モワモワした湧き上がりの円がいくつか並んでいるでしょう。そして運がよければ、その湧き上がりがたくさんあって、まるで六角形が並んでいるように見えることでしょう。それこそがプリゴジンの六角形です（図5－3）。

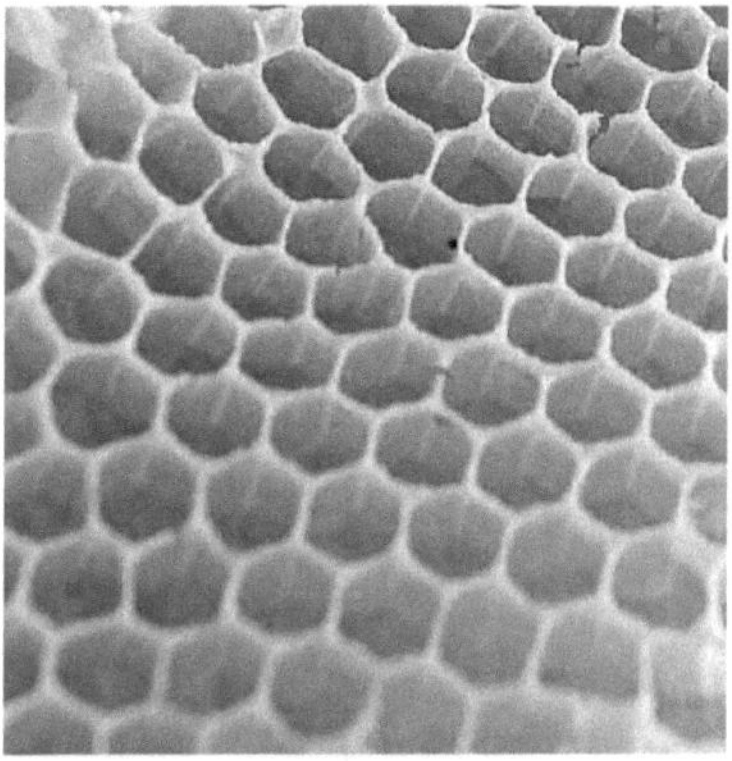

図5－4　ハチの巣に見られる六角形

このような形ができるのは、下から熱せられた味噌汁に「ベナール対流」と呼ばれる対流構造が生じるときです。六角形になるのには、理由があります。噴水のような対流の上面は、もともとは「円」ですね。しかし、その「円」が味噌汁の表面にたくさんできると、「円」どうしが押し合い圧し合いして、やがては「六角形」になってしまうのです。この構造は、ハチの巣にも見られます（図5－4）。一つひとつの部屋は最初のうちは円筒状になっているのですが、部屋がふえて過密状態になると、押し合い圧し合いして、結果的に六角形になるのです。

味噌汁の場合、その表面にたくさんの対流、すなわちたくさんの「六角形」ができたほうが、熱は外へ、つまり鍋の下から味噌汁を通って室内の空気へ、さっさと速く拡散（＝散逸）するのです。だから、味噌汁の表面の六角形は、散逸構造になります。

この理論を提唱したベルギーの化学者・物理学者イリヤ・プリゴジンには、1977年にノーベル化学賞が与えられました。「定常開放系」「非平衡開放系」とも呼ばれる、比較的新しい概念です。

「渦巻き」が水の高低差をなくして平らにするのを速めるように、「対流」も、鍋の中の味噌汁の温度を「平ら」にする散逸構造です。味噌汁の温度が速く下がれば、鍋の中と室内の温度が同じになるのも速いでしょう。つまり、対流という現象がエントロピーの増大を促進しているのです。

生命という現象も、こうした散逸構造によく似ているといえるでしょう。

生命は自己増殖するロバストな散逸構造

ただし生命には、渦巻きや対流のような散逸構造とは決定的に違う点が二つあります。

その一つは、生命が「自己増殖」することです。

水面の渦巻きにしろ、味噌汁の六角形にしろ、水流の速度や鍋の形などが適当な条件になるといくらでもできますが、「自己増殖」はしません。ところが生命は、放っておいても自分で勝手にふえます。生命とは、さまざまな散逸構造の中でも特殊な「自己増殖する散逸構造」なのです。

さらにもう一点、生命がふつうの散逸構造と異なる性質があります。

散逸構造は、せっかくの〝使えるエネルギー〟が熱として散逸し〝使えないエネルギー〟になること——しばしば「入力」といわれます——があれば維持されます。しかし散逸構造は、それ自体で構造を保っている岩石などと比べると、あまり強くありません。「入力」はあるのに、ちょっとしたことで渦が消えることもあるのです。たとえば川の流れに生じた渦巻きも、本来なら高低差があって水が流れているかぎり存在するはずですが、水面を風が流れただけで消えてしまいます。風がやんだら渦は回復しますが、前の渦との連続性は断たれています。散逸構造は、基本的に「攪乱(かくらん)」に弱いのです。

ところが生命は、同じ散逸構造であるにもかかわらず、代謝の回転が続いているかぎり、消えることはありません。強風に煽(あお)られても、揺さぶられても、構造をしっかり保つことができます。死んで代謝が止まればやがて壊れますが、それはすでに「入力」がないので、散逸構造ではなくなっています。生命が生命であるあいだは、散逸構造の大敵である「攪乱」に対して非常に

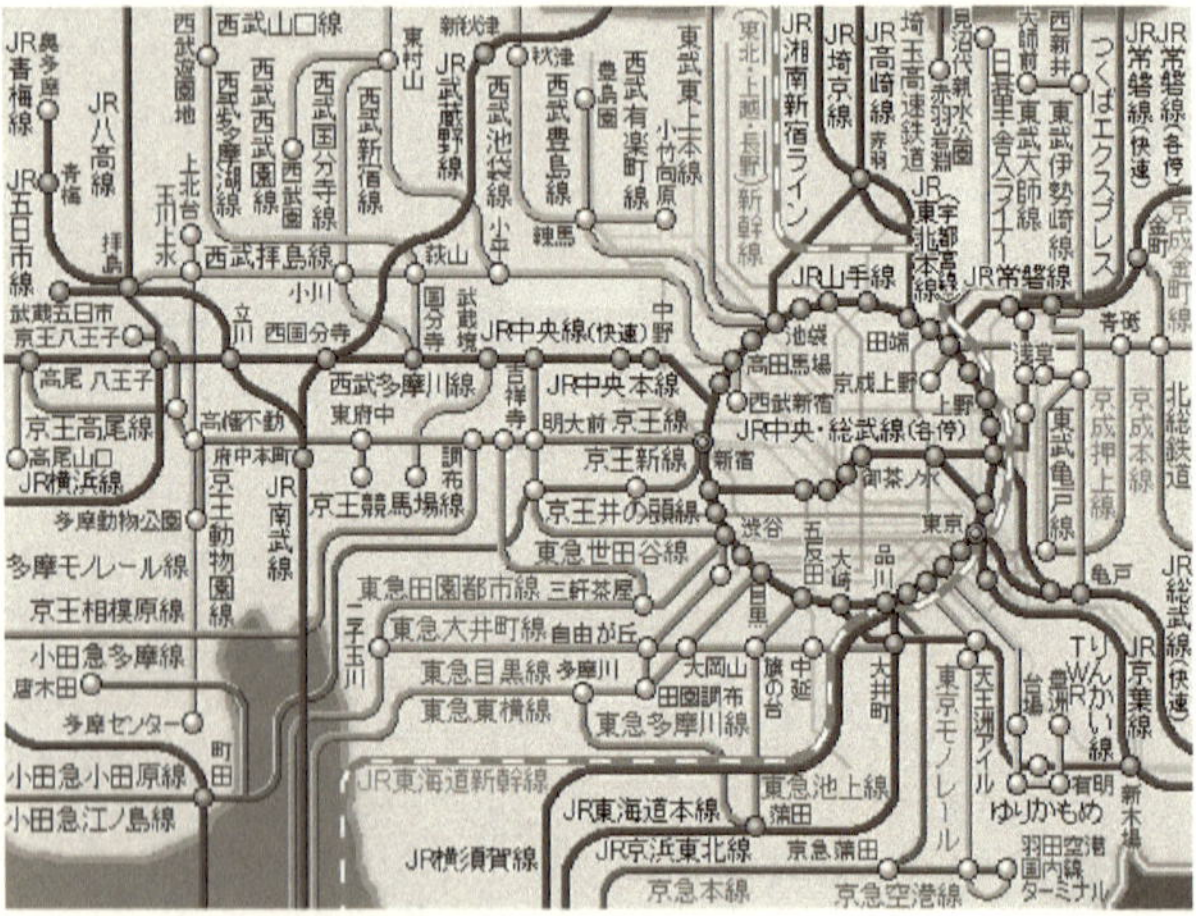

西武山口線
西武遊園地
西武多摩湖線
西武西武園線
西武国分寺線
西武新宿線
西武拝島線
西武多摩川線
西武池袋線
西武豊島線
西武有楽町線
JR武蔵野線
東武東上本線
JR湘南新宿ライン
JR埼京線
JR高崎線
埼玉高速鉄道
日暮里・舎人ライナー
東武大師線
東武伊勢崎線
つくばエクスプレス
JR常磐線(快速)
JR常磐線(各停)
京成金町線
JR八高線
JR青梅線
JR五日市線
JR中央線(快速)
JR中央本線
JR山手線
JR中央・総武線(各停)
JR東北本線
JR常磐線
京王高尾線
JR横浜線
京王競馬場線
京王線
京王新線
京王井の頭線
京王動物園線
JR南武線
多摩モノレール線
京王相模原線
小田急多摩線
小田急小田原線
小田急江ノ島線
東急世田谷線
東急田園都市線
東急大井町線
東急目黒線
東急東横線
東急多摩川線
東急池上線
JR東海道新幹線
JR東海道本線
JR横須賀線
JR京浜東北線
京急本線
京急空港線
東京モノレール
ゆりかもめ
りんかい線
京成押上線
東武亀戸線
京成本線
北総鉄道
JR総武線(快速)
JR京葉線
新宿
渋谷
東京
上野
池袋
品川

図5－5　東京の鉄道網はロバストである

強いのです。

このような「頑強さ」のことを、科学の世界では「ロバスト（robust）」といいます。名詞の形にすれば「ロバストネス」です。「ストロング」や「ストレングス」と似たような意味ですが、ここでは科学の言葉を使うことにしましょう。

ただしロバストという言葉は散逸構造に対してだけ使われるわけではありません。身近なところでは、東京の鉄道網がそのよい例です。

東京の路線図を見ると、いくつかの路線がなんらかの事情でストップしても、なんとか目的地へ行くことができるのがわかります。たとえば東京駅などは多くの路線が乗り入れているので、いくらか遠回りすることさえ我慢すれば、どこからでも行くことができるでしょう。こう

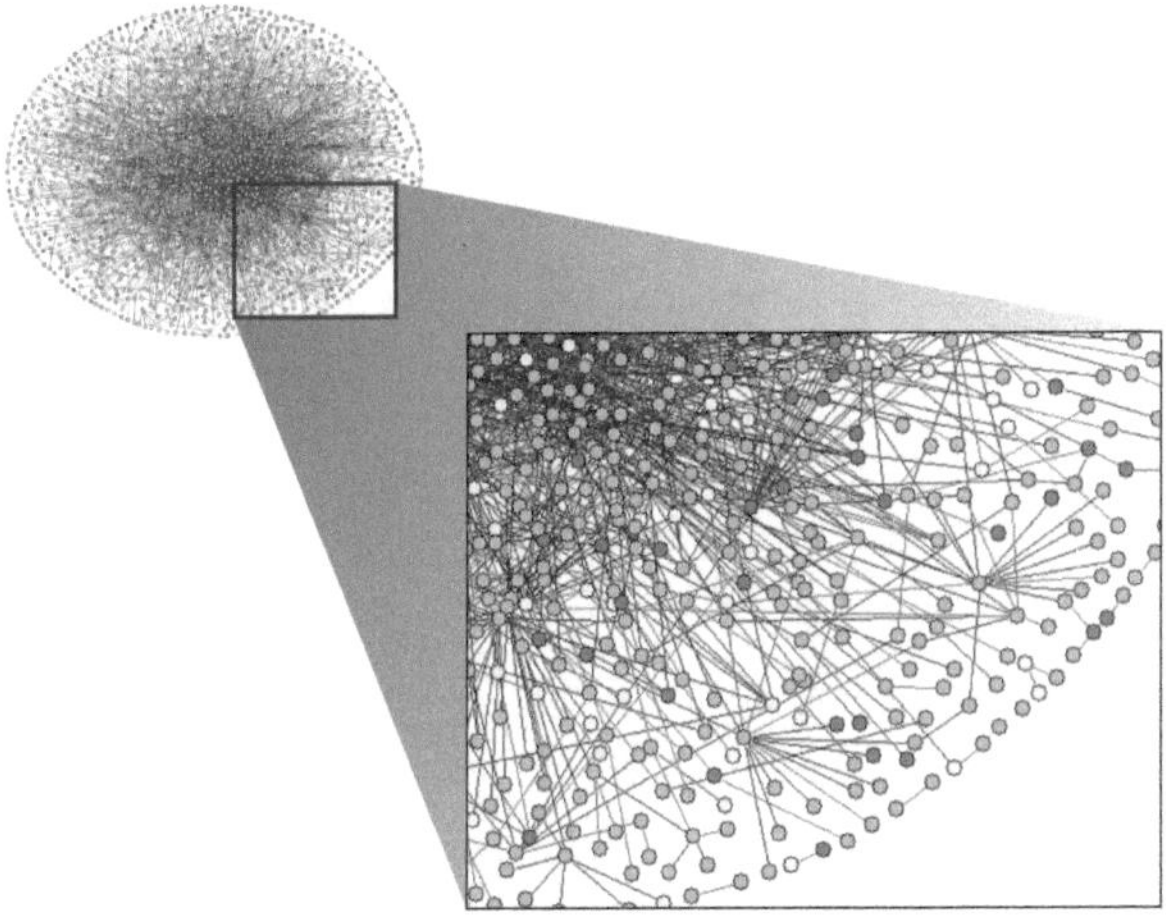

図5－6　ヒトのタンパク質の相互作用　MDCを改変

いう場合、「東京の鉄道網はロバストだ」という言い方をするわけです（図5－5）。

それに対して、私が住んでいる広島県の東広島市は、電車の路線が山陽本線と山陽新幹線の2本ありますからちょっとだけロバストです。広島の中心部に出るのに、どちらか1本が止まっても他方を使えば何とかしのげます。しかし、広島県には電車の路線が1本しかないところもあって、そこではそれが止まってしまうとどこにも移動できません。これは、まったくロバストではありません。

生命にも、東京の鉄道網に似たロバストネスがあります。その好例は細胞内に張りめぐらされたタンパク質の「ネットワーク」です。

たとえば人間の細胞内には、数百種類のタンパク質があります。それがちゃんと機能しなければ、生命を維持できません。ここで、もしすべてのタンパク質が単独で機能しているとすれば、あまりロバストとはいえません。山陽本線が止まると移動できなくなるのと同じように、あるタンパク質が壊れると、もうその機能は失われてしまいます。

しかし、タンパク質にはそれを回避するしくみが備わっています。単独で機能するタンパク質も少しはあるものの、ほとんどのタンパク質はネットワークを形成し、連携して働くようになっているのです。ヒトのタンパク質の相互作用をつぶさに見れば、まさに東京の鉄道網のような細かいネットワークが張りめぐらされているのがわかります（前ページの図5－6）。あるタンパク質が遺伝子の突然変異などで機能しないカタチになっても、ほかの健全なタンパク質が連携することで、その欠損を補完しているのです。

生命が保ってきた「準安定状態」

このような複雑なネットワークをつくる方向に進化したことで、生命は攪乱に強いロバストな散逸構造になりました。ちょっと風に吹かれても消えてしまう渦巻きとは違います。頑健さを身につけた者が環境圧に耐えて、子孫を残してきたからこそ、その末裔である私たちは、物質的には「不安定な炭素化合物」であるにもかかわらず「安定的に」存在することができるのです。

ただし私は、これは本当の意味での「安定」とはいえないと思っています。

熱力学には、安定でも不安定でもない「準安定」という概念があります。生命は、これに近いものではないかと思うのです。

ごく簡単にいうと、準安定状態とは、真の安定状態ではないけれど、大きな乱れが与えられないかぎり安定している状態のことをいいます。実際にはかなり難しい概念なのですが、感覚的に理解するためには、しばしば図5－7のようなグラフが使われます。①が準安定、②が不安定、③が安定の状態です。準安定状態は時間がたてばやがて安定状態へ移行するのですが、その中間に、乗り越えるべきエネルギーの障壁——不安定状態があります。

ただし、生命について考える場合は、この時間の流れを逆にして見たほうがよいのではないか、と私は考えています（図5－8）。

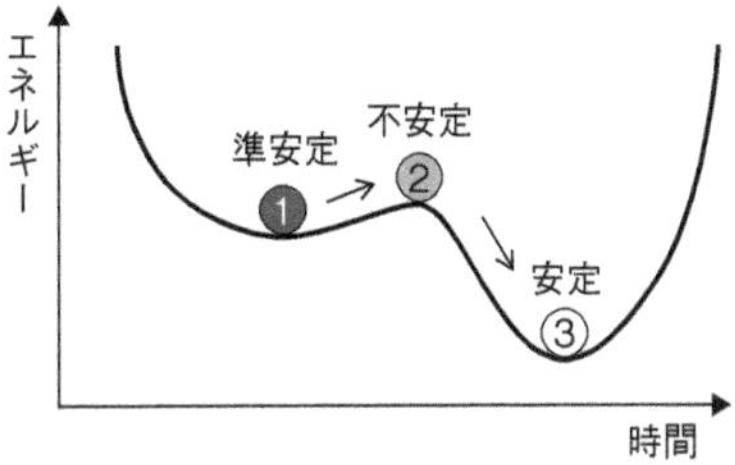
エネルギー
準安定
不安定
安定
時間

図5－7　一般に物質は準安定①から、不安定な状態②を経て安定③する

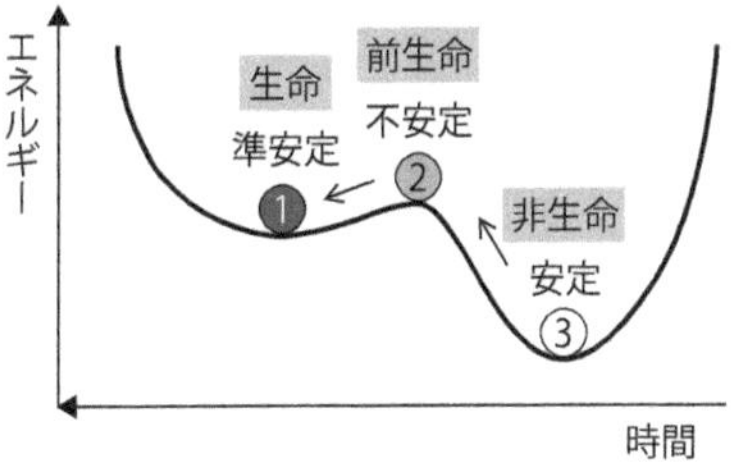
エネルギー
生命
前生命
準安定
不安定
非生命
安定
時間

図5－8　生命は安定な非生命③が、不安定な前生命②を経て準安定①となり誕生した

図５－９　「準安定」のイメージ

生命は地球に最初から存在したわけではありません。まず、生命の材料となる物質がありました。これは安定状態です。ふつうなら「安定」は望ましい状態ですが（収入や人間関係などに安定を望まない人はいません）、炭素化合物の安定とは還元されまくった状態（還元端）と酸化されまくった状態（酸化端）のことですから、生物にとっては死――「非生命」を意味します。これが生命になるためには、第1章でも述べたとおり、なんらかのエネルギーが必要です。それが、過渡的な不安定状態（エネルギー障壁）であると考えればいいのではないでしょうか。

そして不安定な「前生命」の状態を乗り越えたものが、還元と酸化の中間にある炭素化合物でありながら、小さな乱れにはびくともしない準安定状態の「生命」となった――そう考えることができるのではないでしょうか。

こうして誕生した生命が、次第に複雑なタンパク質のネットワークを構築し、ロバストな個体ほど生き残るという進化のプロセスを重ねることで、準安定な状態を保って40億年も存在しつづけてきたのでしょう。それはいうなれば、崖の上で絶妙なバランスを保っている岩のようなものです（図5－9）。もしも十分に大きな攪乱を受ければ、真の安定状態に向かって岩は転がり落ちるでしょう。それは生命の「死」です。個体の死ばかりではなく、地球生命の終わりにもあてはまるでしょう。そこに落ちることなく、地球生命という現象が約40億年も絶妙なバランスを保ってきたのは、やはり驚くべきことです。

フランケンシュタインの「宝くじ」

こうして考えてもやはり感じるのは、地球生命は決して「あたりまえ」の現象ではないということです。誕生当時の地球とまったく同じ環境をもう一度用意しても、同じようにうまくいくとはかぎらないのではないか。むしろ私たちは、めったに起こらない例外的な成功を収めてきたのではないかという気がしてきます。

だから私たち生物学者は、地球といわず、この宇宙に生命が誕生したこと自体が稀なことであろうと考えます。天文学者や物理学者は、そうは考えません。彼らは、太陽のような星から適度

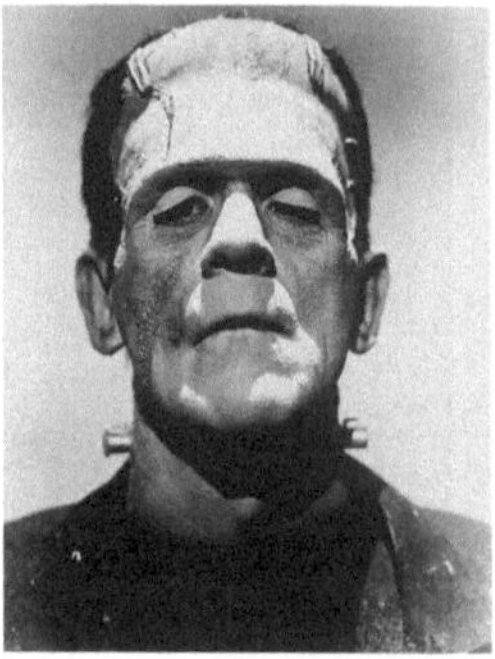

図5－10　1931年の映画『フランケンシュタイン』に登場する怪物

な距離に地球のような惑星があり、そこに液体の水と大気と有機物さえあれば、いくらでも生命が誕生すると考えます。地球科学者であればもう少し慎重に、「その惑星には地球のようなプレートテクトニクスがなければならない」などという条件をつけ加えるかもしれませんが、それでも生物学者が考えるほどハードルは高くありません。

たとえ必要な条件が揃っていたとしても、生命が誕生する確率はきわめて低い。もちろん可能性はあるにせよ、それは宝くじの1等に当選するのと同じくらい、いや、それより難しいことだ——これが生物学者の考え方なのです。

ただし、宝くじに当たる確率を上げる方法は、ないわけではありません。いうまでもなく宝くじを1本だけ買うより10本買うほうが、10本買うより１００本買うほうが、当選確率は高くなります。もし、売り出された宝くじを「全部」買うことができれば、必ず1等の賞金を手にすることができます。

そこに、40億年前の地球でなぜ「1等」が出たのかを考えるヒントがあります。生命が誕生したのは、地球で「宝くじの全部買い」が行われた結果だったのかもしれないのです。

では、ここでいう「宝くじを買う」とは何を意味するのでしょうか。それは「生命が発生しそうな反応を起こす」ということです。

たとえばフィクションの世界には「フランケンシュタイン」と呼ばれる怪物（図５－10）がいます。本当は怪物をつくった科学者（博士ではなく学生）が「フランケンシュタイン」という名なのであって、怪物には名前はないのですが、それはまあ、いいでしょう。科学者のフランケンシュタイン氏は、納骨堂と解剖室と食肉処理場から人体のパーツや動物の臓物などの「材料」を盗み出してかき集め、それにエネルギーを投入することで怪物をつくりあげました。どんなエネルギーを使ったのかは具体的に描かれてはいませんが、おそらく雷のようなものをバチバチッと撃ち込んでみたのでしょう。

どの程度の試行錯誤を重ねたのかはわかりません。たぶん、一発で成功したわけではないはずです。材料の組み合わせやエネルギーの強さなどのパターンをさまざまに変えて、失敗を何度となく繰り返したことでしょう。それが「宝くじを買う」行為に相当するのです。もっともフランケンシュタイン氏の場合はその結果、「死の1等賞」に当選してしまったわけですが。

実験では「茶色いネバネバしたもの」しかできない

生命の誕生も、「材料」と「エネルギー」の組み合わせによるという点では同じです。実際に、実験室において生命をつくりだす試みはすでに行われています。そのうちもっとも有名なのは、シカゴ大学のハロルド・ユーリーの研究室に所属していた化学専攻の大学院生スタンリー・ミラーが1953年に挑んだ「ユーリー－ミラーの実験」です（英語ではミラーのほうが先にきて「ミラー－ユーリーの実験」といいます）。

ミラーは、原始の地球大気に含まれていたと思われる物質（メタン、水素、アンモニア、水蒸気）をガラス容器に封入し、そこに6万ボルトの高圧電流を放電しました。雷を模した、火花放電です。これによって、ガラス容器の中には数種類のアミノ酸が生じました。単純な無機物から、複雑な分子構造を持つ有機物が生まれることが実証されたのです。

しかし、生命が誕生するには、そのアミノ酸がつながってタンパク質にならなければいけません。さらに、そのタンパク質が「自己増殖する散逸構造」にならなければ、生命をつくりだしたことにはならないでしょう。これまでに多くの人々が似たような実験を試みてきましたが、いずれも「茶色いネバネバしたもの」ができるだけで、タンパク質にさえなりませんでした。やはり、この「宝くじ」はそう簡単には当たらないのです。

地球が誕生したのは46億年ほど前と考えられていますから、生命が誕生するまでにはおよそ6億年の時間がありました。おそらくその間には、「なんらかの材料」に「なんらかのエネルギー」が投入されるという事例が、おびただしい回数、繰り返されたでしょう。その膨大な試行錯誤の果てに、最初の生命は生まれたわけです。

いや、試行錯誤は地球誕生のはるか前、宇宙に最初の星や惑星が生まれたときから、宇宙空間のいたるところで始まっていた可能性もあります。最新の計算によれば宇宙誕生はおよそ１３８億年前。となると、時間的にも空間的にも、試行錯誤のチャンスは格段にふえます。

もし、その間にすべての「宝くじ」が買われたのだとすれば、その本数、つまりチャンスの回数は全部でどれぐらいになるものでしょうか。唐突ではありますが、ここで私の頭の中に浮かぶのは「10の30乗」という数字です。

もちろん、こんな茫漠（ぼうばく）とした推定にもっともらしい根拠などはありません。ただこの数は、実はある天体の個数を想定したものです。それは「彗星」です。これも私の想像にすぎませんが、宇宙には10の30乗個ぐらいの彗星が存在するのではないか。そして、それだけある彗星のどれかで最初の生命が誕生したのではないか。私はそう考えています。だから、彗星の数が「宝くじ」の総数だと考えるのです。それはいったい、どういうことなのか――やや遠回りになりますが、私がまだ18歳、高校3年生だった年にまで遡って、その話をしてみましょう。

チューブワームとボイジャー1号

その年、１９７９年は、生命の起源に関わる大きな発見が二つもあった年でした。そのうちの一つは、深海の海底火山の熱水噴出孔におけるチューブワームの発見です。

最初の発見は前章で述べたとおりその2年前(1977年)でしたが、熱水噴出孔で見つかったことにより、チューブワームは太陽光のエネルギーが届かない暗黒世界で、海底火山に由来するエネルギーを使って生きていることがわかったのです(厳密には、それをしているのはイオウ酸化細菌でしたね)。この事実は、生命が存在できる場所の幅を大きく広げました。太陽のような恒星から遠く離れた惑星でも、生命が誕生する可能性が出てきたわけです。

そして熱水噴出孔でのチューブワームの発見とほぼ時を同じくして、宇宙空間では、アメリカがその2年前に打ち上げていた惑星探査機「ボイジャー1号」が、もう一つの発見をしました。

木星の第1衛星である「イオ」を撮影したところ、そこに火山の噴煙(プルーム)が写っていたのです。その後も別の探査機によって調査が進められた結果、イオでは現在までに100個以上の活火山が見つかっています。

木星には衛星が67個もあることが知られています。そのうちの一つに活火山があるなら、ほかの衛星にもあると考えるのが自然でしょう。実際、第2衛星の「エウロパ」にもあると考えられています。ただし、エウロパの活火山は外から見ることはできません。この衛星は表面を氷で覆われているからです。

このように表面を氷に覆われた「氷惑星(ひょうわくせい)」や「氷衛星(ひょうえいせい)」は、決して珍しくはありません。私た

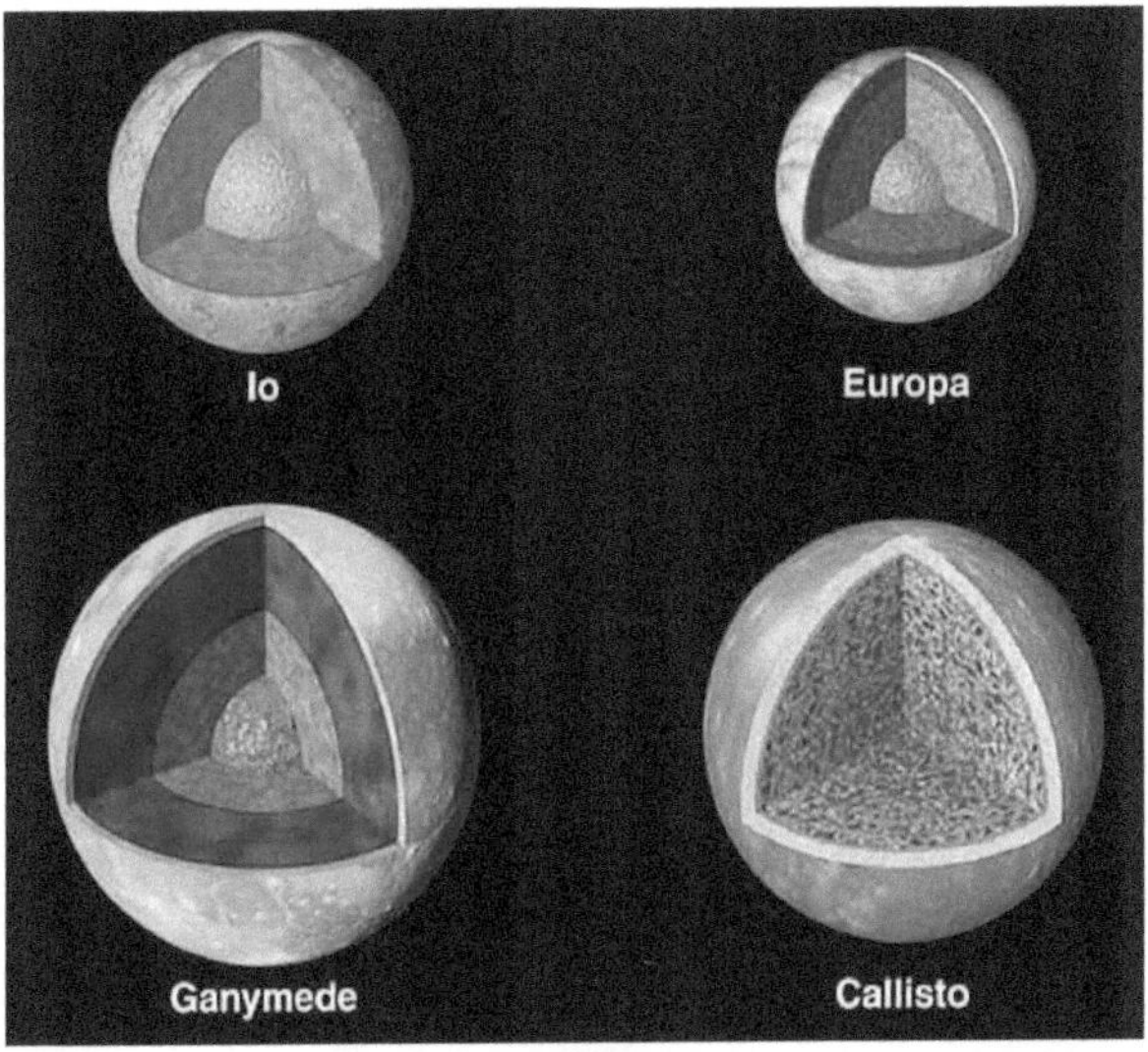
Io
Europa
Ganymede
Callisto

図5－11　木星のさまざまな氷衛星にあるとみられる「内部海」（左上から時計回りにイオ、エウロパ、カリスト、ガニメデ）
©NASA

ちの地球も、これまでに3回（あるいはそれ以上の回数）、表面がすべて凍りついた「全球凍結」（スノーボール・アース）と呼ばれる状態になったことがあると考えられています。これは地球上の生命にとってはもちろん大事件であり、何度か起きた生物種の大量絶滅とも関係があると思われますが、それでも地球生命は死に絶えることがありませんでした。したがって、表面が凍結しているからといって氷惑星や氷衛星に生命が存在しないとはいえません。

むしろ大事なのは、その下にもし活火山があれば、その熱によって下層部の氷が融け、液体の水の層ができることです。表面の氷と中心部の岩石の間にサンドウィッチのようにはさまれる形で、液体の水が存在することになるのです。これを「内部海」と呼んでいます（前ページの図5－11）。

この内部海の底に海底火山があるなら、チューブワームのような生物がいても不思議ではありません。それは光エネルギーがなくとも、水と火山があれば生きていける生物です。

「3点セット」が揃う土星の衛星

その後、このような内部海をもつ天体は、エウロパだけではないことがわかりました。表面に液体の水が露出している「表面海」をもっているのは太陽系では地球だけですが、内部海をもつ氷天体は、現在では太陽系に十数個ほどもあると推定されています。「液体の水がある」のは地球だけの専売特許ではなかったのです。

なかでも、とくに注目すべきは土星の「氷衛星」エンケラドゥスでしょう。

イオ（直径約3600キロ）やエウロパ（直径約3100キロ）は地球の月（直径約3500キロ）と同じぐらいの大きさですが、このエンケラドゥスは直径が500キロ程度、新幹線の東京駅から（私の最寄り駅の）東広島駅までの直線距離（655キロ）ほどもしかありません。そんな小さな天体に、熱源があり、火山活動があるのです。それをつきとめたのは、土星探査機「カッシーニ」でした。

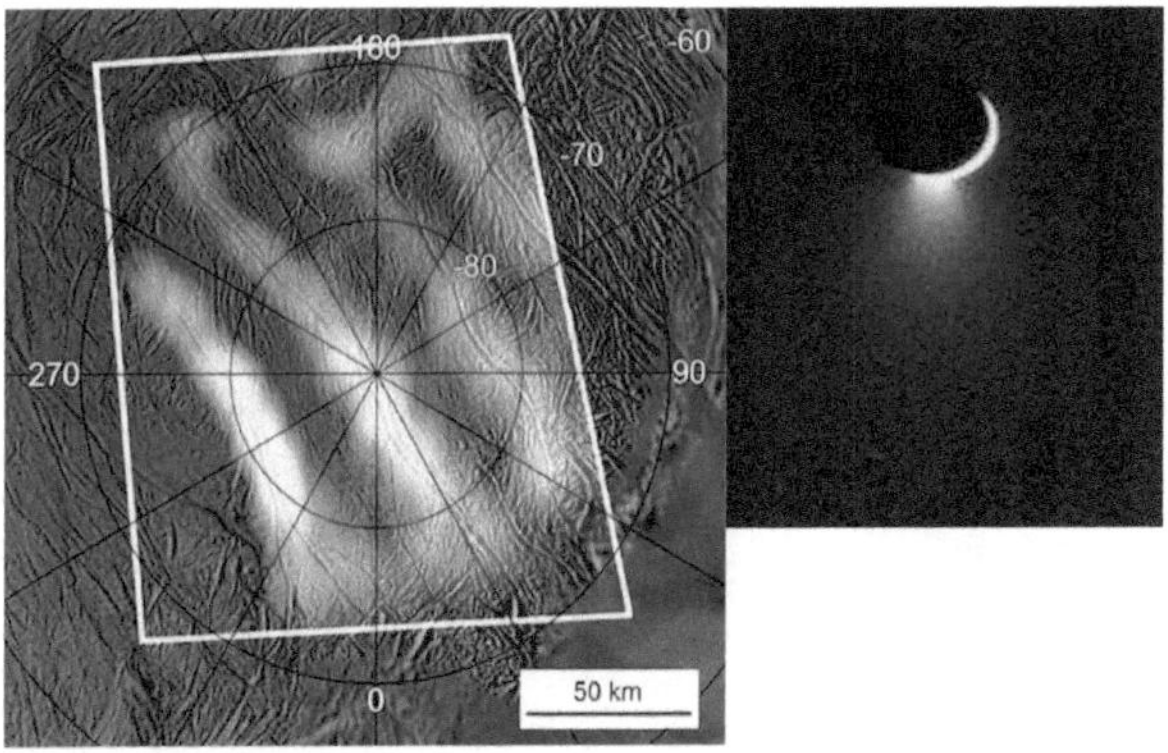
180
-60
-70
-80
270
90
0
50 km

図5－12　エンケラドゥスの「火山活動」を示す写真（右）と、その真上で撮影された筋状の「高温のもの」（左）©NASA

まず2005年に、カッシーニはエンケラドゥスの南極付近から何かが噴出している様子を撮影しました（図5－12右）。次に、その噴出域の真上を温度分布がわかるように撮影したところ、温度の高い部分が筋状になって存在していることがわかりました（図5－12左）。これは、そこに地球のプレートテクトニクスに相当する「氷テクトニクス」のようなものがあり、その割れ目から何か高温のものが湧き上がっているためと考えられます。だとすれば、表面を覆う氷の下に、なんらかの熱源があるものと考えられました。

それから3年後、カッシーニはさらにエンケラドゥスに肉迫しました。地球からの指示に従い、氷火山の噴出物（プルーム）に突入したのです。そして、噴出物をサンプリングし、その場で分析（専門的には質量分析）しました。いまの技術は、そんな

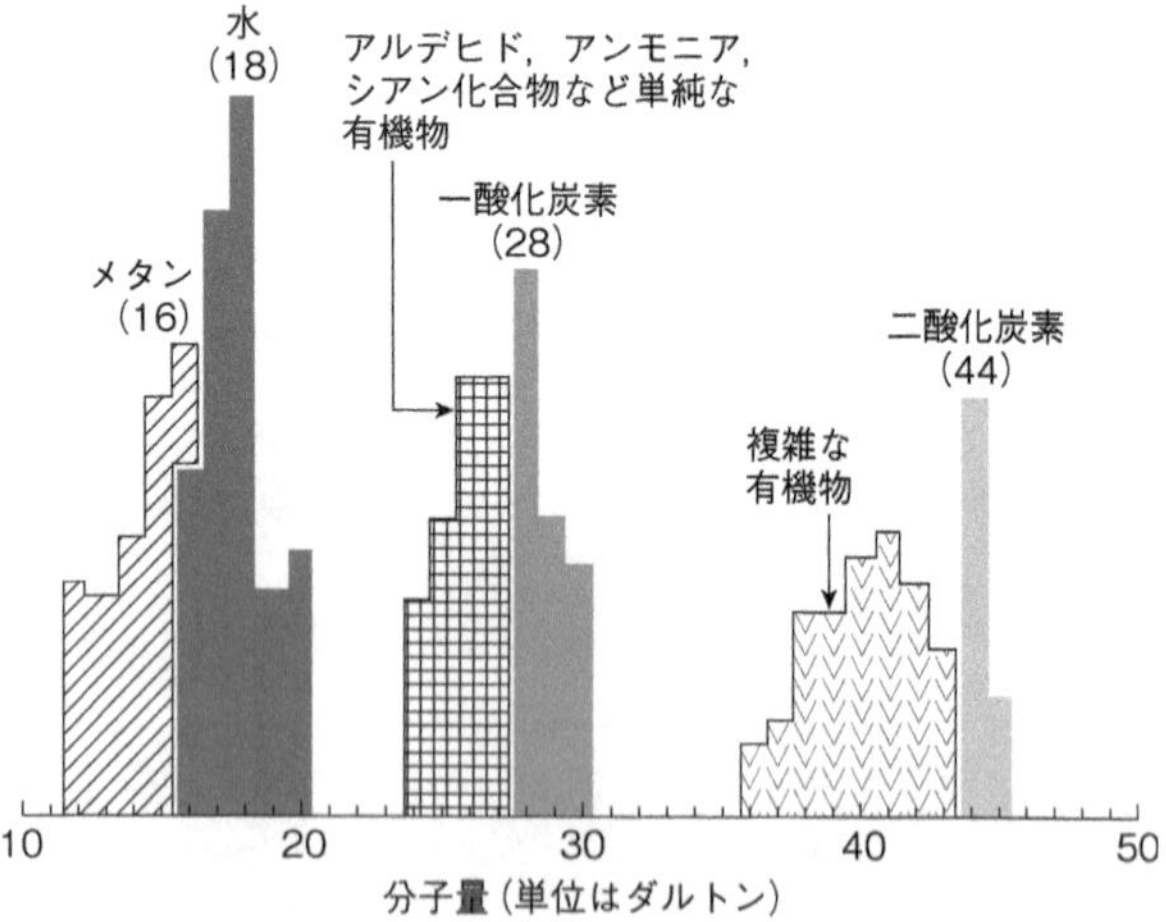
水
(18)
アルデヒド，アンモニア，
シアン化合物など単純な
有機物
一酸化炭素
(28)
メタン
(16)
二酸化炭素
(44)
複雑な
有機物
10
20
30
40
50
分子量（単位はダルトン）
図5－13　エンケラドゥスの「火山活動」による噴出物の組成

ことができるところまで進歩しているのです。

さて、分析の結果、エンケラドゥスの氷火山から噴出している物質の多くは水であることがわかりましたが、それだけではありませんでした。一酸化炭素や二酸化炭素がありました。さらに、アルデヒド、アンモニア、シアン化合物といった単純な有機物や、それよりもやや複雑な有機物も見つかりました（図5－13）。

これは、非常に重要な発見でした。

さきほど木星のエウロパには「チューブワームのような生物がいても不思議ではない」といいましたが、エウロパには水と火山（熱）があることはわかっているものの、有機物は発見されていません。それに対して、エンケラドゥスには水と熱だけではなく有機物も存在することがわかったわけです。「水」「熱」「有機物」

は、生命の誕生に最低限必要な「3点セット」といえます。この三つの条件が、すべて揃っていたのです。

この3点セットが揃っている天体は、地球以外ではいまのところエンケラドゥスだけです。現在、「キュリオシティ」という探査機が地球外生命の痕跡を求めて火星の表面で有機物を一生懸命に探していますが、火星にあるとわかっているのは、3点セットのうち水だけです。それでも火星には「生命がいるかもしれない」と考えられているわけです。それに比べればエンケラドゥスのほうが、その可能性はずっと高いはずです。

「宝くじの全部買い」を可能にする彗星

さらに興味深いことには――そして、この話の本題は――エンケラドゥスの物質的な特徴が、彗星とよく似ていたのです。

実はすでに、彗星からさまざまな物質データが得られています。そしてその結果は、エンケラドゥスの物質データと非常によく一致していたのです。

そのため、エンケラドゥスはもともと彗星だったのではないかとも考えられています。太陽系の中を飛んでいた彗星が、あるとき土星の重力に捕まって逃げられなくなり、衛星になった。可能性としては、十分にありえる話です。

そのエンケラドゥスに生命誕生の「3点セット」が揃っている。ならば、最初の生命が生まれた場所が彗星だったと考えるのもそう突飛な話ではないでしょう。実際に、彗星は表面が氷で覆われていて、その中には有機物がたくさん入っていることがわかっています。かつては「地球上にある水はもともと彗星がデリバリーしたのではないか」という説もありました。現在では小惑星によるデリバリー説のほうが有力ですが、彗星デリバリーの寄与も少なからずあったと考えられています。ならば、地球上の有機物も彗星由来である可能性がある——もっと踏み込めば、彗星で誕生した生命そのものが地球に運び込まれたと考えることもできるわけです。

もし彗星に生命をつくりだすポテンシャルがあるなら、宇宙全体で「宝くじの全部買い」をすることも可能になるのではないかと、私は考えています。

宇宙には10の11乗個（1000億個）の銀河があり、それぞれの銀河に太陽のような恒星が平均で10の11乗個あると考えられています。つまり、宇宙全体では10の22乗個（1000億の1000億倍）の恒星があることになります。最近の系外惑星の研究によれば、そのうちの半分くらいの恒星に（いや、半分の半分だという意見もありますが）、惑星が10個くらいあると仮定できるそうで（太陽系は8個ですが）、そのうち1個は地球に似た「ハビタブル惑星」（生命が存在しうる惑星）であると仮定しておこうという話もあるそうです。

そうだとすれば、ハビタブル惑星は各恒星に1個あるかないか、全宇宙には10の21乗のオーダーの数だけあるという話になります。

しかし私には、「宝くじの全部買い」をするには、（直観的な見立てではあるのですが）この数ではまだ足りないような気がしてなりません。惑星が「生命の故郷」であるとすると、宝くじに当たる確率は十分には高まらないと思えるのです。

そこで注目したいのが、宇宙に10の30乗個ほど存在すると私が推定している彗星です。これが生命を生みだす条件を備えているなら、さまざまな材料にエネルギーを投入する「実験」を、すべてのパターンについて行えると思っています。きわめて稀にしか起こらないと思える現象も、これなら確実に一度は起こすことができるはずだと考えているのです。

もちろん、これはまだ、かなり大胆な仮説にすぎません（生命の起源に関するアイデアはすべてそうだともいえますが）。しかしその可能性がある以上、今後の彗星研究の進展がおおいに待たれます。

そしてそう遠くない将来、彗星についての研究がかなり進むことは間違いありません。彗星を形成する物質は太陽系外縁に存在しますが、現在、そこをめざして飛んでいる探査機があるのです。ＮＡＳＡが２００６年に打ち上げた無人探査機「ニュー・ホライズンズ」です。

ニュー・ホライズンズは、太陽系外縁、さらには太陽系外への飛行を狙っています（図５－14）。そのため、打ち上げ当初から地球での「第３宇宙速度」（太陽系脱出速度）に近い秒速16キ

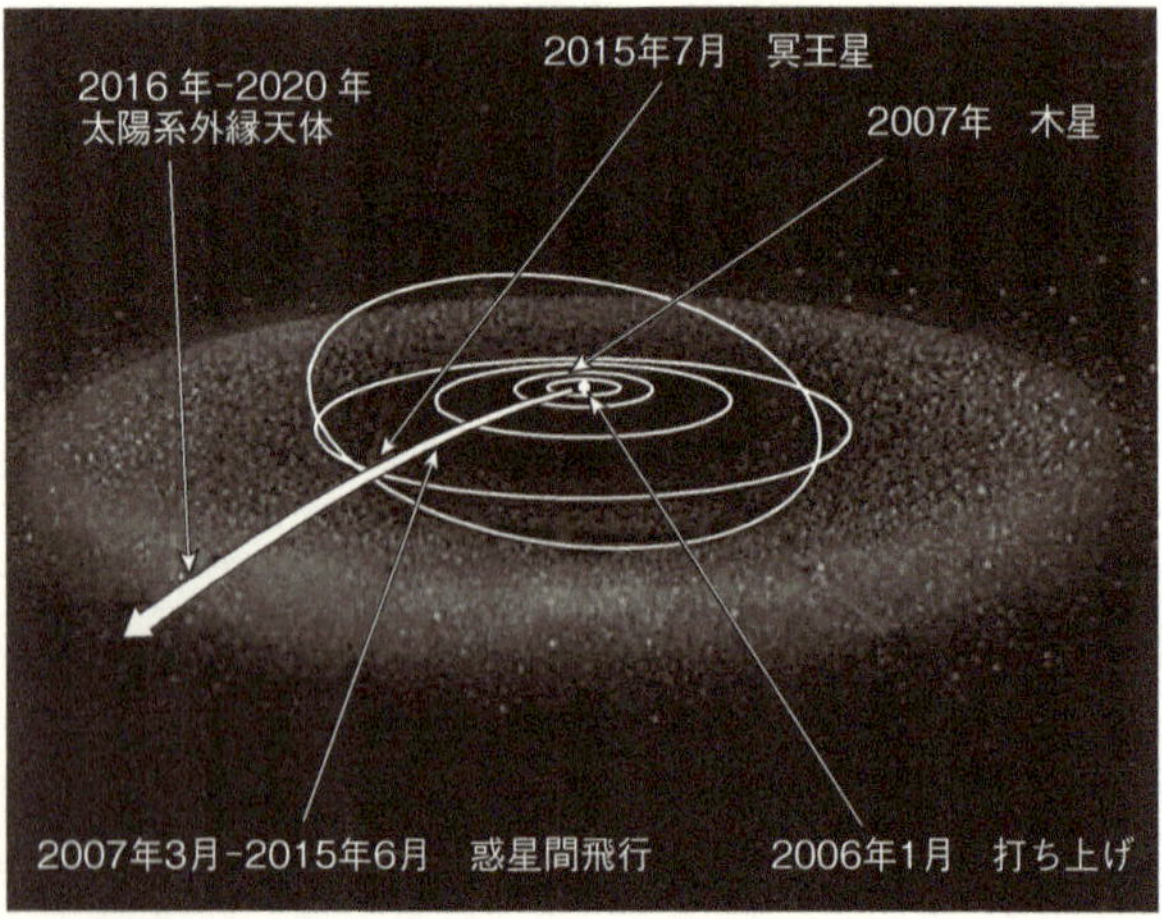
2015年7月　冥王星
2016年-2020年
太陽系外縁天体
2007年　木星
2007年3月-2015年6月　惑星間飛行
2006年1月　打ち上げ

図5－14　ニュー・ホライズンズの飛行予定

ロで打ち上げられました。これは人類史上最速の打ち上げ速度で、2013年2月にロシアに降った隕石の落下速度とほぼ同じです。このスピードで飛ぶニュー・ホライズンズは、打ち上げ翌年の2007年には木星付近を通過しました。2015年には、冥王星に接近する予定です。

冥王星を通過したあとは、いよいよ太陽系外縁に向かいます。順調にいけば、2016年から2020年頃にはカイパー・ベルトに到達し、太陽系外縁天体を観測することができるでしょう。カイパー・ベルトとは、海王星の軌道より外側の太陽系円盤にある、天体の密集領域のことです（密集といっても、私たちの感覚では希薄に思えるでしょうけど）。これは、太陽系の最外部を球殻状に取り巻いていると考えられる「オールトの雲」（図5－15）につながっていると考えられています。

オールトの雲とは、オランダの天文学者ヤン・オールトが、長周期彗星や非周期彗星の起源として1950年に提唱した球殻状の天体群のことです。その実在はまだ確認されていませんが、太陽系のもっとも外側、太陽からの距離が1万天文単位から10万天文単位にかけての領域を、そのような天体群が覆っていると考えられています（1天文単位はおよそ1億5000万キロ）。

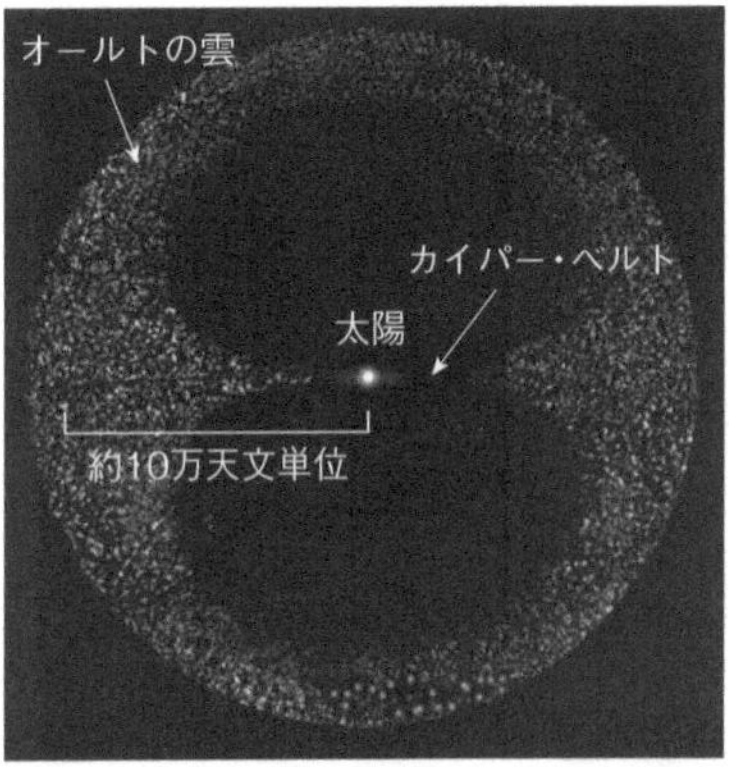
オールトの雲
カイパー・ベルト
太陽
約10万天文単位
図5－15　オールトの雲

そう考えると、彗星が太陽系のあらゆる方向から飛んでくることがうまく説明できるのです。

ニュー・ホライズンズが順調にオールトの雲にまで到達して観測を始めれば、太陽系のもっとも外側の正確な様相が明らかになるとともに、彗星の起源や成り立ちについても、多くのことが判明するでしょう。そこから、生命の起源に関する謎が見えてくるかもしれません。

これから本格化していく彗星研究は、「生命とは何か」を探るうえでもきわめて重要な意義をもっているのです。

「原始のスープ」と「表面代謝説」

もちろん、生命が地球外で生まれたという証拠はまだどこにもありません。しかし、以前から根強くあったいわゆる「原始のスープ」という考え方は、少なくとも私には納得しかねるものでした。

「原始のスープ」とは、大昔（生命が誕生したとされる約40億年前の地球）の、アミノ酸や糖などの有機物をたくさん含んだ海のことです。海底火山の熱水噴出孔で生じる熱水循環によって、水素やイオウなどの無機物が化学反応を起こし、有機物がつくられる。その有機物が生命の材料になったのではないか——というこのアイデアは、現在も広く受け入れられ、生命誕生を説明するものとして有力視されています。実際に、熱水循環を再現する装置で無機物から有機物を生成することに成功した実験もありました。

しかし私は、この考え方には必ずしも、１００％そのまま賛同することはできません。なぜならば、その実験で生成された有機物の量が、非常に少ないからです。報告された程度の量では、あまりにも効率が悪い。それらの有機物の組み合わせによって生命体を構成するタンパク質ができあがる確率が、低すぎるように思えるのです。

タンパク質をつくるには、少なくとも50個のアミノ酸を正しい順番でつなげなければなりません。自然にそれが実現するには、それだけでも大変な回数の試行錯誤が必要です。かりにそれが奇跡的にうまくいったとしても、タンパク質が一つできただけでは生命になりません。試行錯誤が地球上の海全体で行われるならまだしも、海底火山の数はそれほど多くはないので、「実験」ができるエリアも限られています。つまり、買える宝くじの本数が少ないのです。海底火山の熱水循環だけで生命に必要なタンパク質が本当につくられたのなら、それは奇跡に奇跡が重なった結果としか考えられません。

ただし、地球上で生命をつくるアイデアはこの「原始のスープ説」だけではありません。日本ではあまり知られていないのですが、1988年にドイツのギュンター・ヴェヒターショイザーが発表した「表面代謝説」（パイライト仮説）は、欧米の科学界で高く評価されています。

表面代謝説では、太古の地球で「生命の素」となる有機物がつくられたのは、水中ではなく、鉱物の表面であったと考えます。海底火山にある硫化鉄にイオウの原子が1個つくと、黄鉄鉱（パイライト）という金色の鉱物ができます。そのときに出てくる化学エネルギーを使うと、二酸化炭素からさまざまな有機物ができるというのです。

原始の地球大気は、大半が二酸化炭素だったと考えられます。したがって、それを使って有機物をつくるのは非常に効率がよいといえます。だからこの説では買える宝くじの本数が「原始のスープ説」よりも飛躍的にふえるのです。

鋭い方は、鉱物の表面（表面積）よりも水中（体積）のほうが化学反応を起こすチャンスが多いのではないかと思われるかもしれませんが、実はそうではありません。海底の岩石には無数のひび割れや隙間があるため、「表面代謝」に使われる表面積は大きくなるのです。そこで効率よく多くの有機物がつくりだされれば、「宝くじの全部買い」に近い回数の試行錯誤を重ねることも可能でしょう。あらゆる順列組み合わせを試せば、アミノ酸をたくさんつなげたタンパク質が合成されることもありうるかもしれません。

もしも生命の起源をやはり地球に求めるならば、「原始のスープ説」よりもこの「表面代謝説」のほうが、はるかに説得力があると私も思っています。

生命が生命を考えるということ

はたして生命は地球で生まれたのでしょうか。それとも宇宙のどこかで生まれたあとに、地球に運び込まれたのでしょうか。自分たちのルーツを探究せずにはいられない私たちにとって、これは実に好奇心を刺激されるテーマです。

物理学者のシュレーディンガーは、生命を「負のエントロピーを食って構造と情報の秩序を保つシステム」と定義しました。しかし、それだけで「生命とは何かがわかった」と納得できる人はほとんどいないでしょう。私たちは「自分とは何か」が知りたいからです。地球生命は誕生から40億年かけて、そのような知的好奇心をもつまでに進化してしまいました。地球生命はどこでどのように生まれたのか？　その答えを知るまでは、「生命とは何か」という私たちの問いかけがやむことはないでしょう。

そもそも人類が登場するまで、「生命とは何か」を考える生命などは存在しませんでした。40億年におよぶ地球生命史を考えれば「ごく最近」のことである約３００万年前に人類（ホモ属）が生まれて、初めて「生命とは何か」という問題も生まれたわけです。私たちが知るかぎり、私たちは宇宙で唯一の「自分とは何か」「生命とは何か」を考える生命なのです。

それは同時に、「生命とは何か――とは何か」というメタレベルの問題も生みました。生命がみずから生命について考えはじめたからこそ、この問題はそうした入れ子構造になってしまうのを避けることができないのでしょう。

しかし、生命について考えるのは理屈抜きに、面白いことです。だからこそ、私もいまだにこうして研究を続けています。結論がいつ出るのか、本当に結論にたどりつけるのかもわかりませんが、「生命とは何か」を探究する人類の取り組みは、人類自身をさらに成長させていくのではないかと思います。前にも述べたとおり、人類は生命史上で初めて、進化の方向をみずから決める能力をもってしまった生命でもあります。その方向を正しく決めるために必要なのは、生命そのものに対する正しい認識でしょう。それを知るための努力を放棄してしまえば、人類の未来も明るくなりません。人間社会の将来を間違ったものにしないためにも、私たちは「生命とは何か」を探りつづけなければならないのです。

生命の「もうひとつの極限」

生命のひとつの「エッジ」として、過酷な極限環境でしぶとく生きる極限生物たちをみていくことから始めた「生命とは何か」を探る旅は、「もうひとつの極限」ともいえる領域での生命をみることで終わりにしたいと思います。それは人工生命です。

２０１０年に「マイコプラズマ・ラボラトリウム」、別名「シンシア」という新しい生物が、人間の手によってつくられました。「マイコプラズマ」というと、結核の原因となる病原菌を思い出される方もいるでしょうが、自然界ではもっとも小さい部類に属するバクテリアにこう呼ばれる仲間がいます。「ラボラトリウム」は、ラボラトリー、つまり実験室でつくられたという意味です。別名の「シンシア」は「合成」を意味する「シンセシス」に由来します。つくったのは、アメリカのクレイグ・ヴェンターという研究者が率いるチームでした。

マイコプラズマ・ラボラトリウム「シンシア」は「マイコプラズマ・ムコイデス」と、「マイコプラズマ・カプリコルム」という異なる2種類のバクテリアからつくられました（当初はマイコプラズマ「ジェニタリウム」を用いる予定でしたが、「ムコイデス」に変更されたことで、「ラボラトリウム」の別名「シンシア」が使われることになりました）。彼らはまず、一方のマイコプラズマ（カプリコルム）の細胞から、ＤＮＡを消しました（そういうことがバイオテクノロジーではすでに可能になっています）。そうしてできたＤＮＡのない細胞に、もう一方のマイコプラズマ（ムコイデス）のＤＮＡを移植したのです。ただし、それは「本物のＤＮＡ」ではありません。もう一方のマイコプラズマ（ムコイデス）のＤＮＡをお手本にして、彼らが合成したＤＮＡでした。つまりヴェンターらは、ＤＮＡを消去した生物の細胞に「人工ＤＮＡ」をぶち込んだわけです。

その結果、この細胞は動きはじめました。するとこれは、もうどちらのマイコプラズマの細胞でもありません。まったく新しい別の生物の細胞として成長していくことになるのです。

ヴェンターらのこの試みは、「人工生命」というパンドラの箱を開ける行為として、倫理的な観点からもおおいに物議をかもしました。ただし彼らがつくったのはＤＮＡだけで、細胞質のほうはまだつくれていませんから、マイコプラズマ・ラボラトリウム（シンシア）は正しくは「半人工生命」とでもいうべきものです。しかし、人工ＤＮＡでも細胞が動かせるという事実は、やはりおそるべきことでしょう。そして近い将来には、細胞質まで人間の手になる真の意味の「人工生命」がつくられるはずです。２０１０年代には、その日がくると私は思っています。

もう一例として、「ヒーラ細胞」と呼ばれている細胞をご紹介します（図５－16）。実はこれ

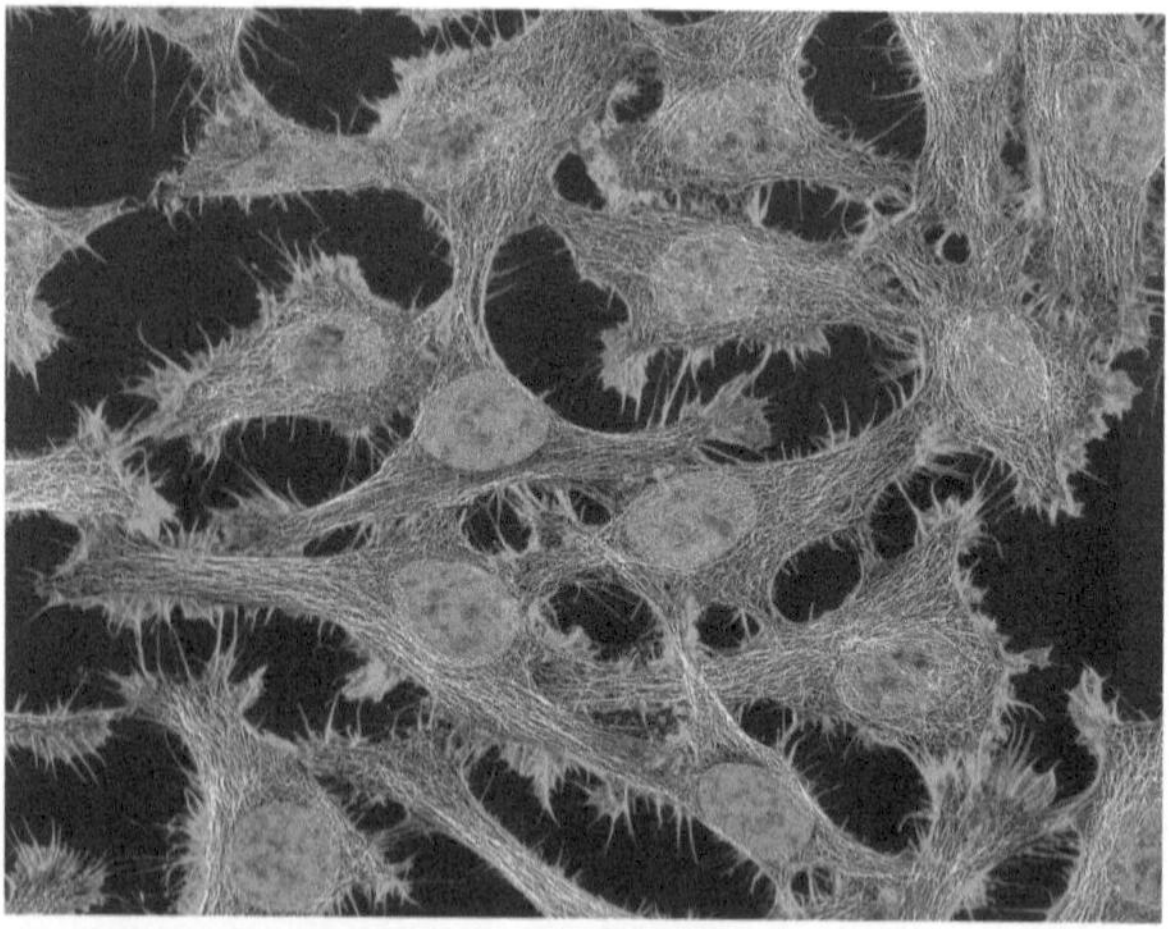

図5－16　突然変異を続けるヒーラ細胞

は、あるアメリカ人女性の細胞を培養したものです。その人は1951年に、子宮頸がんで亡くなりました。しかし、彼女から取り出されたがん細胞は、培養されて、いまもフラスコの中で生きつづけているのです。「ヒーラ」(HeLa)という名は彼女の姓名からアルファベット2文字ずつをとったもので、この細胞は人間由来の最初の細胞株として知られています。

しかもこの細胞は、60年以上も「飼育」しているうちに遺伝子がどんどん突然変異を起こしています。たとえば私たち人間には46本の染色体がありますが、この細胞ではいま、染色体が82本あるものを中心に、さまざまな染色体数のものが現れてきています。ということはもう、人間と同じ生物種の細胞とは思えないことから「新生物」として提唱されているのです。

これを「人工生命」とみていいものなのか、私にはよくわかりません。ただ、現実にはすでにこうしたことが起きているのです。

「生命とは何か」という問いに目覚めた生命である私たちは、その答えを探しに宇宙のはるか遠くにまで出かけていき、一方ではこのように生命そのものまでも操りはじめています。もし生命が本当に「宇宙を早く終わらせるための仕掛け」として誕生したのなら、人間がこのような進化をとげたことも、宇宙最強の原理に従った結果なのでしょうか。

おわりに

この本は、当初は「極限生物の博物学」あるいは「極限生物のカタログ」をめざしていました。少なくとも、この本の編集者である山岸浩史さんはそう目論んでいましたし、私にも山岸さんの意図に応えようという気持ちはありました。でも、そうすると……書けないのです。いままでも書けません。私はここまで博物学に向いていない自分を呪いました。

かつて学生の頃、私は生物学のことを「物理学や化学みたいな演繹科学に比べて100年以上も遅れた〝枚挙の科学〟ではないか」と皮肉ったことがあります。

枚挙の科学とは、いろいろな例を挙げつつ、それらの関係性からなんらかの法則を発見するもので、この方法を「帰納法」といいます。これに対し、枚挙せずとも根本的な原理や法則から答えを導くことを「演繹法」といいます。学生時代の私は、物理学が演繹法の頂点に立っていて、生物学はいまだ帰納法以前の枚挙レベルだと思っていたのです。まさに若気の至りでした。

実は、私の若気の至りはもう一つあって、それは「はじめに」でも少し述べたように、自分は生物学より生命学をやるんだ、バイオロジーよりもメタバイオロジーをやるんだ、と意気込んだことです。他人のやっていない、何か新しそうなものってカッコよく見えますよね。私の場合もそれでした。しかも、自分しかやっていない〝オリジナル〟だとも思っていました。しかし本来の意味でのオリジナルとは、自分はオリジン（源）になって、仲間や弟子がそれを継承してくれることをいいます。そうではなく、一人で自分勝手にやるのは〝ユニーク〟なだけで、決してオリジナルではありません。私のやってきたことはユニークでありこそすれ、必ずしもオリジナルではなかったのかもしれません。

私もプロの世界に入ってみて、あの高貴な物理学にもかつては枚挙の時代があったし、いまでも分野によってはまだ枚挙レベルであることを知りました。そして、生物学もいずれは演繹科学になるだろうけど、いまはその土台となる「枚挙の生物学」をきちんと築かなくてはならないとも思うようになりました。現在のそうした私の心境は、私のメタバイオロジーのバイブルである大野克嗣著『非線形な世界』（東京大学出版会）に代弁してもらいましょう。

分子生物学や生物物理のような研究に力を割かず、まず生物多様性と生態系の記載に、つまり、古典生物学（博物学）に全力を挙げるのが、ほんとうは、将来の生物学への現在可能な最大の寄与であるのかもしれない。（p257）

そう、私は間違っていました。「生命とは何か」を知るためにすべきことは、メタバイオロジーよりもむしろ、古典生物学（博物学）すなわち「枚挙の生物学」だったのです。それに気づいた私は、あわてて博物学の真似事をはじめました。とはいえ、しょせん付け焼き刃の感は否めません。博物館の学芸員のような体系的でまとまった知識もないし、生物ごとに適した方法でサンプル調整する腕もなければ、それぞれの生物において留意すべき点の違いを見分ける眼もありません。「モノ」としての生物の価値、そして「コト」としての〝生きざま〟の価値を軽んじてきたツケが回ってきたということでしょう。

かくして編集者の山岸さんが抱いていた「極限生物の博物学」という野望は、私の非力のために崩れ落ちてしまいました。しかし、それで私はむしろ気が楽になり、好きなことを好きなように書かせてもらいますよ、と開き直ることができました。さらに2013年7〜8月には、朝日カルチャーセンター新宿教室で4回の講座をもつ機会を与えていただく幸運にも恵まれました。この一連の講座の内容が、この本の柱になっています。担当者の神宮司英子さんと受講者のみなさんには、この場をお借りして厚く御礼を申し上げます。

この本では、いまの生物学における重要な新分野であるエピジェネティクス、合成生物学、システム・バイオロジー、バイオインフォマティクス、オミックス（生物界のビッグデータ）などにはほとんど触れていません。とくにオミックスは、ゲノムを扱うゲノミクスがすでに古典的になったいま、環境ゲノムを扱うメタゲノミクスや、トランスクリプトーム、プロテオーム、メタボローム、インターラクトームなどのさまざまな「オーム」（総体）を扱う〝なんでもオミックス〟として、今後もさらに拡大していくでしょう。それら生物学の新分野については他書をご覧いただくことで、本書での不言及をお許しください。

本書をつくるにあたり、８時間に及んだ講座の多岐にわたる内容をうまくまとめてくださった岡田仁志さんと、編集者の山岸さんには本当にお世話になりました。ありがとうございました。また、これまで私をいろいろな極限環境にお導きくださった方々にも、あらためて心より御礼を申し上げます。これからも一緒に辺境への旅をしましょうね。そして、読者のみなさんが新たな辺境メンバーに加わってくれることも楽しみにしています。

長沼　毅

２０１３年12月

【ま行】

【な行】

【は行】

【た行】

【さ行】

さくいん

【あ行】

【か行】

N.D.C.461　237p　18cm

ブルーバックス　B-1844

死(し)なないやつら
極限から考える「生命とは何か」

2013年12月20日　第1刷発行
2023年7月10日　第7刷発行

著者　長沼(ながぬま)　毅(たけし)
発行者　鈴木章一
発行所　株式会社講談社
〒112-8001 東京都文京区音羽2-12-21
電話　出版　03-5395-3524
販売　03-5395-4415
業務　03-5395-3615
印刷所　（本文表紙印刷）株式会社ＫＰＳプロダクツ
（カバー印刷）信毎書籍印刷株式会社
製本所　株式会社ＫＰＳプロダクツ

定価はカバーに表示してあります。

ISBN978-4-06-257844-8

発刊のことば

科学をあなたのポケットに

二十世紀最大の特色は、それが科学時代であるということです。科学は日に日に進歩を続け、止まるところを知りません。ひと昔前の夢物語もどんどん現実化しており、今やわれわれの生活のすべてが、科学によってゆり動かされているといっても過言ではないでしょう。

そのような背景を考えれば、学者や学生はもちろん、産業人も、セールスマンも、ジャーナリストも、家庭の主婦も、みんなが科学を知らなければ、時代の流れに逆らうことになるでしょう。

ブルーバックス発刊の意義と必然性はそこにあります。このシリーズは、読む人に科学的に物を考える習慣と、科学的に物を見る目を養っていただくことを最大の目標にしています。そのためには、単に原理や法則の解説に終始するのではなくて、政治や経済など、社会科学や人文科学にも関連させて、広い視野から問題を追究していきます。科学はむずかしいという先入観を改める表現と構成、それも類書にないブルーバックスの特色であると信じます。

一九六三年九月

野間省一